新版
電気基礎

直流回路・電気磁気・基本交流回路

東京電機大学 編
川島純一・斎藤広吉 共著

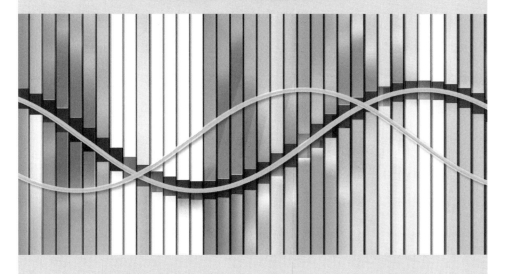

東京電機大学出版局

本書に掲載されている「問および演習問題」の解答はホームページに掲載しています。

https://web.tdupress.jp/downloadservice/ISBN978-4-501-11800-6/
または，
東京電機大学出版局ホームページ
https://www.tdupress.jp/
［トップページ］⇨［ダウンロード］⇨［新版　電気基礎　上］

まえがき

　電気および電子工学の広範な学問，およびその応用技術は，電気や磁気の各種の現象や理論を巧みに利用することによって発展してきたものである。したがって，これらの電気および電子工学の技術を学ぶためには，ぜひとも，電気の基礎理論である電気磁気と電気回路の理論を十分理解しておかなければならない。

　本書は，この電気の基礎を初めて学ぶための入門書として，また工高・工専などにおける「電気基礎」の教科書として執筆編集したものである。

　したがって，初めて学ぶ人のために，理解しやすく，学びやすいということに重点においてあるので，これから電気を学ぼうとする一般の人の入門書としても絶好の参考書でもある。

　まず，全体を二分冊として，上巻では直流回路，電気磁気，基本交流回路，下巻では交流回路，基本的な電気計測，各種の波形が学べるようになっている。

　本書を執筆にあたって，次の点に重点をおいている。

① 初めて電気を学ぶ人のために，特に用語には注意し，正しく理解できるようにすると共に，専門用語には必ずその意味を説明してある。

② できるだけむずかしい式や計算をさけ，やさしく解説することに努めた。

③ 電気現象や電気回路については，物理的な意味を十分理解してから理論式を理解できるように努めた。

④ 文章を理解しやすくするために，図を多く入れると共に，できるだけ立体的に表現するように工夫した。

⑤ 適当な箇所に〔例題〕と〔問〕を設け，また各章末には「復習問題」をつけて，理解の徹底と実力の養成をはかった。なお，「復習問題」は，各自の能力に応じて解けるようにランク

分けをし，最初に，基本学習ができていれば比較的簡単に解ける「基本問題」，次に，「基本問題」より一段程度を高め，基本に関連した「発展問題」，さらに章によっては，総合的な思考力に富んだ問題や国家試験の問題を集めた「チャレンジ問題」が設けられている。

平成6年3月

著者記す

改訂にあたって

改訂にあたり，次の点に配慮した。
- 量は ISQ（国際量体系）に従い，単位は SI 単位系として，単位の表現も改訂した。
- 用語・規格は，JIS の改訂・廃止に従って改訂した。
- 法規・電気設備の技術基準等は，法の改訂に従って改訂した。
- 電気用図記号は JIS 改訂に従い，IEC 規格に準拠して改訂した。
- 機器・計測器等の写真は生産中止・技術の進化にともない，最新のものに改訂した。
- 電気計測は，ディジタルオシロスコープ・ディジタルマルチメータ・スマートメータ等，ディジタル化に対応して改訂した。
- 自学する人のために，「問および復習問題の解答」をホームページに掲載した。

電気基礎は，機械・電力・法規を理解するためにも不可欠な基礎知識・理論である。独学で毎日2時間程度の6ヵ月で（上）（下）を理解できる内容となっている。最後まであきらめないで継続して頂きたい。

平成31年3月

著者記す

目　次

第1章　直流回路

- **1.1　電気回路の電圧・電流** …………………… **1**
  - 1　電気とは ………………………………… 1
  - 2　電流・電圧・起電力 …………………… 3
  - 3　オームの法則 …………………………… 6
  - 4　直流回路の計算 ………………………… 8
  - 5　キルヒホッフの法則 …………………… 15
  - 6　ホイートストンブリッジ ……………… 22
  - 7　電池の接続法 …………………………… 23
- **1.2　消費電力と発生熱量** ………………………… **27**
  - 1　電力・電力量・効率 …………………… 27
  - 2　電流による発熱作用（ジュールの法則）… 32
  - 3　発生熱量と温度上昇 …………………… 34
- **1.3　電　気　抵　抗** ……………………………… **34**
  - 1　電気抵抗と抵抗率・導電率 …………… 34
  - 2　抵抗の温度係数 ………………………… 38
  - 3　抵抗器 …………………………………… 40
  - 4　特殊抵抗 ………………………………… 43
  - 5　超伝導 …………………………………… 46
  - 6　半導体 …………………………………… 46

1.4 電気の各種の作用 ……………………… 47
　　1　熱電気現象 …………………… 47
　　2　電気の化学作用 ……………… 50
　　3　その他の作用 ………………… 59
復習問題 …………………………………… 61

第2章　電流と磁気

2.1 磁界の強さと磁束密度 ……………… 67
　　1　磁石の性質と磁気誘導 ……… 67
　　2　磁極の強さと磁気力 ………… 70
　　3　磁界と磁界の強さ …………… 72
　　4　磁束・磁束密度 ……………… 80
2.2 磁気現象と磁気回路 ………………… 84
　　1　電流の作る磁界 ……………… 84
　　2　磁気回路 ……………………… 95
2.3 磁　化　曲　線 ……………………… 98
　　1　磁化曲線（B-H曲線）……… 98
　　2　磁気ヒステリシス …………… 100
　　3　ヒステリシスループ ………… 100
　　4　ヒステリシス損 ……………… 101
2.4 電　磁　力 …………………………… 102
　　1　磁界中の電流に働く力 ……… 102
　　2　電流相互間に働く力 ………… 106

2.5 電磁誘導作用と電磁エネルギー ……… **110**

 1 電磁誘導作用……………………………… 110

 2 誘導起電力の大きさと方向……………… 111

 3 相互誘導作用と相互インダクタンス…… 119

 4 自己誘導作用と自己インダクタンス…… 121

 5 磁界に蓄えられるエネルギー…………… 130

復習問題……………………………………………… 134

第3章 静電気

3.1 静 電 現 象 ……………………………… **137**

 1 静電気の性質と静電誘導………………… 137

 2 誘電体……………………………………… 140

3.2 電界の強さと電束密度 ……………… **143**

 1 静電力……………………………………… 143

 2 電界の強さと電位………………………… 145

 3 電束・電束密度…………………………… 151

3.3 静電容量とその回路 ………………… **157**

 1 静電容量とコンデンサ…………………… 157

 2 コンデンサの接続………………………… 166

3.4 静電エネルギーと静電吸引力 ……… **171**

 1 コンデンサに蓄えられるエネルギー…… 171

 2 静電吸引力………………………………… 174

3.5 放 電 現 象 ……………………………………… **175**
　　　1　絶縁破壊……………………………… 175
　　　2　気体中の放電………………………… 176
復習問題……………………………………………… 180

第4章　交流回路の基礎

4.1 交 流 現 象 ……………………………………… **183**
　　　1　直流と交流…………………………… 183
　　　2　交流の波形…………………………… 184
　　　3　周波数と波長………………………… 184
4.2 正弦波交流の発生 ……………………………… **190**
　　　1　正弦波交流の発生…………………… 190
　　　2　位相と位相差………………………… 191
4.3 交流の平均値・実効値 ………………………… **194**
　　　1　平均値………………………………… 195
　　　2　実効値………………………………… 196
　　　3　波高率と波形率……………………… 199
4.4 正弦波交流のベクトル表示 …………………… **202**
　　　1　ベクトルとベクトル量……………… 202
　　　2　ベクトルの極座標表示……………… 203
　　　3　回転ベクトルと静止ベクトル……… 205
　　　4　ベクトルの和と差…………………… 208

4.5　正弦波交流の基本回路 ……………………… **211**
　　　1　抵抗回路 …………………………………… 211
　　　2　自己インダクタンス回路 ………………… 214
　　　3　静電容量回路 ……………………………… 218
　復習問題 ……………………………………………… 223

第5章　交流回路の電圧・電流・電力

5.1　直　列　回　路 ……………………………… **227**
　　　1　R-L 直列回路 ……………………………… 227
　　　2　R-C 直列回路 ……………………………… 230
　　　3　R-L-C 直列回路 …………………………… 233
5.2　並　列　回　路 ……………………………… **238**
　　　1　R-L 並列回路 ……………………………… 238
　　　2　R-C 並列回路 ……………………………… 240
　　　3　R-L-C 並列回路 …………………………… 243
5.3　交　流　の　電　力 …………………………… **246**
　　　1　交流の瞬時電力 …………………………… 247
　　　2　交流の電力と力率 ………………………… 250
　　　3　皮相電力と無効電力 ……………………… 252
　　　4　電力・皮相電力・無効電力との関係 …… 255
　復習問題 ……………………………………………… 257

索　引 ……………………………………………… **265**

目　次

下巻の目次

第6章　記号法による交流回路の計算
第7章　三相交流
第8章　電気計測
第9章　各種の波形

第1章
直流回路

私たちは，日常生活の中で，様々な電気の恩恵を受けながら，充実した生活をしている。

その生活の中で接する身近な電気の現象を通し，電気とは一体何か，またどんな性質があり，どんな作用をするのかなどの電気の本質を理解することは大変大事なことである。

そこで，本章では，まず電気を理解するのに最も基本となる事がらを学習する。

オーム（G.S. Ohm, 1787～1854）

1.1 電気回路の電圧・電流

1 電気とは

すべての物質は極めて微小な分子または原子の集合から成っており，これらの原子はさらに正電気をもった**原子核**（atomic nucleus）と負電気をもった**電子**（electron）から成り立っている。しかも，電子は自転しながら原子核のまわりを一定軌道にそってぐるぐるまわっていると考えられている。

このうち，水素は，最も簡単な構成で，図1・1(a)に示すように，単純な原子核とその外側をまわる1個の電子から構成されている。この水素の原子核を特に**陽子**（proton）という。ところが，他の原子核の構造は，このように簡単なものでなく，図(b)，(c)に示すように，原子核の外側をまわる電子の数と等しい数の陽子と，全く電気をもたない**中性子**（neutron）から成り立っているものと考えられている。

現在では，これらの陽子や中性子などは，さらに基本的な構成子である**クォーク**（quark）という微粒子から成り立っていると考えられているが，電気を学ぶ

第1章 直流回路

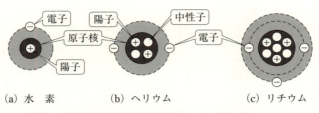

(a) 水素　　(b) ヘリウム　　(c) リチウム

図1・1 原子核と電子の組み合わせ

うえで最も重要なのは正電気⊕をもった陽子と負電気⊖をもった電子である。これについては，次のようなことが知られている。

① 同種の電気をもつものどうしは互いに反発し，異なる電気をもつものどうしは互いに吸引する。

② 1個の電子のもつ質量は $9.1093836 \times 10^{-31}$ kg で極めて小さく，陽子は $1.6726219 \times 10^{-27}$ kg で，電子の約1840倍の質量をもっている。

③ 1個の電子のもつ負電気⊖と陽子のもつ正電気⊕の絶対量は等しく，$1.602176634 \times 10^{-19}$ クーロンの電気量をもつ（電気量については，次頁参照）。

④ 普通，物質中にある電子と陽子の数は等しく，それぞれ等量の負電気⊖と正電気⊕とが互いに吸引し合って固く結合して，電気的性質のない**中性**（neutral）の状態になっている〔図1・2(a)〕。

⑤ 一番外側の電子で原子核からの結びつきが弱いものは，原子から離れて物質の中を自由に飛びまわる性質がある。このような電子を**自由電子**（free electron）という。いま，温度，光などの影響によって自由電子が，図1・2(b)のように，物質の外に飛び出したとすれば，物質の中では正電気が余分

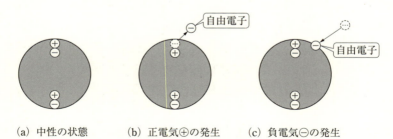

(a) 中性の状態　　(b) 正電気⊕の発生　　(c) 負電気⊖の発生

図1・2 電気の発生

になり，物質は正電気をもつようになる。また，反対に図(c)のように，物質に外部から自由電子が飛び込んだとすれば，その物質は負電気が余分になり，負電気をもつようになる。

一般に，物質が電気をもつことを**帯電**（charge）したといい，帯電した電気を**電荷**（electric charge）という。また，電荷のもつ電気の量を**電気量**（quantity of electricity）という。電気量の単位には**クーロン**（coulomb，単位記号 C）が用いられる。電気量の最小単位を電気素量 e とし，$e = 1.602176634 \times 10^{-19}$ C と定義している。

問1 -1 クーロンの電気量は電子の数で示せば何個になるか。

（答 0.624×10^{19} 個）

2 電流・電圧・起電力

[1] 電流

図1·3のように，正電荷⊕をもつ物質Aと負電荷⊖をもつ物質Bを金属線Cで直接つなぐと，両電荷間の吸引力によって，Bの負電荷⊖（自由電子）はAの正電荷⊕に引かれて移動し，両者が結びついて中和する。すなわち，BからAの向きに電子の流れを生ずる。

このとき，金属線Cに**電流**（electric current）が流れたという。このように，電流は

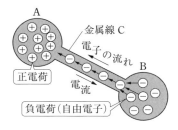

図1·3 電流の方向と電子の流れの方向

負電荷⊖をもった電子の流れであり，これを古くからの慣習で，電流は電子の流れる方向と反対の方向に流れると約束している。また，ある断面を流れる電流の大きさは，1秒間にその断面を通過する電気量で表し，これに**アンペア**（ampere，単位記号 A）という単位を用いる。すなわち，**毎秒1クーロンの割合で電荷が通過するときの電流の大きさを1アンペアと定義している。**

したがって，導体（金属のように電荷の通りやすい物質）内の断面を t 秒間に Q 〔C〕の電荷が一様な割合で通過するとき，その断面における電流の大きさ I

〔A〕は，次のようになる。

電流の大きさ　$I = \dfrac{Q}{t}$〔A〕　　（電流の定義式）　　　　　　　(1・1)

電荷が1本の導体の中を移動するときは，どの断面を考えても，同一時間に同一電気量が通過する性質をもっている。したがって，図1・4のように，電流はA点でもB点でも同一の大きさの電流となる。これを**電流の連続性**（continuity of current）という。

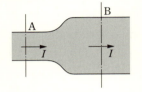

図1・4　電流の連続性

|問2| ある導体内の断面を一様な速さで2秒間に10クーロンの電荷が通過したとき，その電流の大きさはいくらか。　　（答　5 A）

[2]　電圧

一般に，水位は海水面を基準に考え，これを水位0としている。いま，図1・5のように，高水位水そうAと低水位水そうBを水管でつなぐと，水管の中に水の流れ，すなわち水流を生ずる。この水流は，A，Bの水位の差（水位差）によって水位の高いAから水位の低いBに向かって流れ，水位の差がなくなれば流れなくなってしま

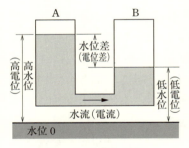

図1・5　水位と電位

う。これと同じように，電気の場合は，水位に相当する**電位**（electric potential）というものを考え，大地を電位0と約束している。電流は電位の高いほうから電位の低いほうに向かって流れるとしている。この電位の差を**電位差**（potential difference）または**電圧**（voltage）という。

電位，電位差，電圧の単位には，ともに**ボルト**（volt，単位記号 V）が用いられ，次のように定められている。

1クーロンの電気量が2点間を移動して1ジュール[①]の仕事をするとき，この2点間の電位差を1ボルトと定める。

問3 図1・5から，Aの電位が90V，Bの電位が30VであればAB間の電位差はいくらか。　　　　　　　　　　　　　（答　60V）

[3] 起電力

図1・6のように，電位の高いA球と電位の低いB球を導体で結ぶと，図(a)に示す方向に電流が流れるが，だんだんとA球の電位が下がりB球の電位が上がって，ちょうど図(b)のように両球の電位が等しくなると，電流は流れなくなる。そこで，図(c)のように電池をつないでやると，電池によって電位差が作られ，引き続き電流を流すことができる。この電池のように電位差を発生させる力を **起電力**（electromotive force）という。起電力の単位は，電圧と同じボルト（単位記号V）で表す。

一般に，電池のように引き続いて起電力を発生して電流を流すもとになるものを **電源**（power source）と呼んでいる。

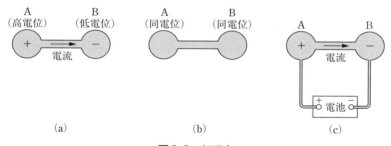

図1・6　起電力

=コメント=

①ジュール　ジュールは仕事（エネルギー）の単位で，物体に1ニュートンの力が働いて1m移動したときにする仕事を表す。ここに，1ニュートンは，質量1kgの物体に1m/s^{2}の加速度を与える力をいう。これは，1kgの物体に働く重力の1/9.8に相当する。

図1・7のように，電池②を電源として電線で豆電球をつなげば，一つの閉じた回路ができるから，矢印方向の電流が流れ豆電球が点灯し，明るく輝いて見える。このように，電源から電気の供給を受けて，ある仕事をする豆電球のようなものを一般に**負荷**（load）と呼んでいる。

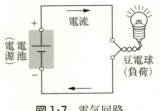

図1・7　電気回路

また，図1・7のような電流を流す回路を**電気回路**（electric circuit）あるいは単に**回路**（circuit）と呼んでいる。

3　オームの法則

電気回路に流れる電流と電圧の関係については，1826年にドイツの物理学者オーム（Georg Simon Ohm, 1787～1854）が実験の結果，

電気回路を流れる電流は，電圧（電位差）に比例する。

という法則を見いだした。したがって，電流をI，電圧をV，比例定数を$1/R$として，この法則を式で表すと，次のようになる。

> **オームの法則**　　$I = \dfrac{V}{R}$　　　　　　　　　　　　　　　　　　　　　　　　(1・2)

この法則を**オームの法則**（Ohm's law）という。

式(1・2)中の定数Rは，回路状態によって定まる定数で，電圧や電流に関係な

―――――――――――――――――――――――――――――――――――コメント―

②**電池の図記号**　電池を簡単に表すには，図1・8(a)のような図記号を用いる。これは，図(b)のように，長い線が(＋)，短い線が(－)を表し，矢印の方向に起電力Eがあることを意味している。

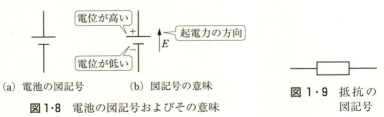

(a) 電池の図記号　　　(b) 図記号の意味

図1・8　電池の図記号およびその意味

図1・9　抵抗の図記号

く一定である。電圧が一定であれば，R が大きければ大きいほど電流は小さく，R が小さければ小さいほど電流は大きい。したがって，R は電流の通りにくさを表すもので，これを**電気抵抗**（electric resistance）あるいは単に**抵抗**（resistance）[3]という。抵抗の単位として**オーム**（Ohm，単位記号 Ω）[4] が用いられる。

また，抵抗の逆数 $G = 1/R$ を**コンダクタンス**（conductance）といい，電流の通りやすさを表し，その単位として**ジーメンス**（siemens，単位記号 S）が用いられる。式(1·2)のオームの法則をこの G を用いて表せば，次式のようになる。

$$I = GV \tag{1·3}$$

問4 25 Ω の抵抗をもつ電熱線の両端に 100 V の電圧を加えたら何アンペアの電流が流れるか。　　　　　　　　　　　　　　　（答　4 A）

問5 500 kΩ の抵抗に 100 V の電圧を加えたら何ミリアンペアの電流が流れるか。　　　　　　　　　　　　　　　　　　　　（答　0.2 mA）

問6 豆電球に 1.5 V の電圧を加えたら 0.3 A の電流が流れた。豆電球の抵抗およびコンダクタンスを計算せよ。　　　　　　　（答　5 Ω，0.2 S）

問7 50 MΩ の高い抵抗に 6 kV の電圧を加えたら何マイクロアンペアの電流が流れるか。　　　　　　　　　　　　　　　　　（答　120 μA）

==================== コメント ====================

[3]**抵抗の図記号**　抵抗を簡単に表すには，図 1·9 のような図記号を用いる。

[4]**単位の 10 の整数乗倍の接頭語**　一般に，ボルト，アンペア，オームなどの基本単位に対して，実用的には，さらに大きな単位や小さな単位を補助単位として用いる。この場合は，次のような単位の係数を表す接頭語を基本の単位に冠して用いる。

名　　称	記号	倍　数	名　　称	記号	倍　数
テ ラ（tera）	T	10^{12}	セ ン チ（centi）	c	$10^{-2} = 1/10^2$
ギ ガ（giga）	G	10^9	ミ リ（milli）	m	$10^{-3} = 1/10^3$
メ ガ（mega）	M	10^6	マイクロ（micro）	μ	$10^{-6} = 1/10^6$
キ ロ（kilo）	k	10^3	ナ ノ（nano）	n	$10^{-9} = 1/10^9$
ヘクト（hecto）	h	10^2	ピ コ（pico）	p	$10^{-12} = 1/10^{12}$
デ カ（deca）	da	10	フェムト（femto）	f	$10^{-15} = 1/10^{15}$
デ シ（deci）	d	$10^{-1} = 1/10$	ア ト（atto）	a	$10^{-18} = 1/10^{18}$

4　直流回路の計算

いくつかの抵抗，例えば，R_1, R_2, R_3 の三つの抵抗を，図1・10(a)のように一列につなぐ方法を**直列接続**[5]（series connection）といい，図(b)のように抵抗の両端をいっしょにつなぐ方法を**並列接続**[6]（parallel connection）という。また，図(c)のように直列と並列を組み合わせてつなぐ方法を**直並列接続**（series-parallel connection）という。

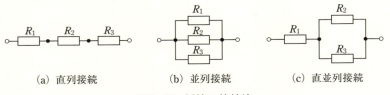

(a) 直列接続　　　(b) 並列接続　　　(c) 直並列接続

図1・10　抵抗の接続法

[1]　直列接続の回路

図1・11のように，抵抗 R_1, R_2, R_3〔Ω〕が直列に接続された回路に電圧 V〔V〕を加えたとき，電流 I〔A〕が流れたとしよう。そして，R_1, R_2, R_3 の端子間の電圧をそれぞれ V_1, V_2, V_3〔V〕とすれば，オームの法則から，

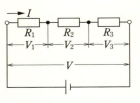

図1・11　抵抗の直列接続の回路

$$\left.\begin{array}{l} V_1 = R_1 I \text{〔V〕} \\ V_2 = R_2 I \text{〔V〕} \\ V_3 = R_3 I \text{〔V〕} \end{array}\right\} \quad (1\cdot4)$$

となるから，全体の電圧 V〔V〕は，次のようになる。

$$V = V_1 + V_2 + V_3 = (R_1 + R_2 + R_3)I = RI \text{〔V〕}$$

$$\therefore \quad I = \frac{V}{R_1 + R_2 + R_3} = \frac{V}{R} \text{〔A〕} \quad (1\cdot5)$$

――――――――――――――――――――――――コメント

[5]**直列接続**　抵抗の直列接続は，どの抵抗にも同じ電流が流れる。
[6]**並列接続**　抵抗の並列接続は，どの抵抗にも同じ電圧が加わる。

1.1 電気回路の電圧・電流

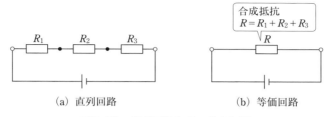

(a) 直列回路　　　　　(b) 等価回路

図1・12　直列回路とその等価回路

ここに，
$$R = R_1 + R_2 + R_3 \tag{1・6}$$

したがって，図1・12(a)のように，R_1，R_2，R_3が直列に接続された場合には，図(b)のように，$R = R_1 + R_2 + R_3$の1個の抵抗に置き換えることができる。このように，多くの抵抗が接続された回路の抵抗と同じ電気的なはたらきをする等価な一つの抵抗を**合成抵抗**（combined resistance）という。また，図(b)の回路を図(a)の**等価回路**（equivalent circuit）という。

以上のことからわかるように，一般に，$\boldsymbol{R_1}$，$\boldsymbol{R_2}$，$\boldsymbol{R_3}$，……，$\boldsymbol{R_n}$の$\boldsymbol{n}$個の抵抗を直列に接続した場合の合成抵抗は，それぞれの抵抗の和に等しい。すなわち，

直列回路の合成抵抗　$R = R_1 + R_2 + R_3 + \cdots\cdots + R_n$ （1・7）

また，**各抵抗にかかる電圧は，それらの抵抗の比に分配される**。すなわち，
$$V_1 : V_2 : V_3 : \cdots : V_n = R_1 : R_2 : R_3 : \cdots : R_n \tag{1・8}$$

[2] 並列接続の回路

次に，図1・13(a)のように，抵抗R_1，R_2，R_3〔Ω〕が並列に接続された回路に電圧V〔V〕を加えた場合を考えてみよう。いま，R_1，R_2，R_3〔Ω〕に流れる電流をそれぞれI_1，I_2，I_3〔A〕とすれば，オームの法則から，
$$I_1 = \frac{V}{R_1} \text{〔A〕}, \quad I_2 = \frac{V}{R_2} \text{〔A〕}, \quad I_3 = \frac{V}{R_3} \text{〔A〕} \tag{1・9}$$

となるから，全電流（回路電流）I〔A〕は，次式のようになる。
$$I = I_1 + I_2 + I_3 = \left(\frac{1}{R_1} + \frac{1}{R_2} + \frac{1}{R_3}\right)V = \frac{V}{R} \text{〔A〕} \tag{1・10}$$

第1章 直流回路

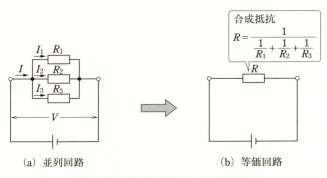

(a) 並列回路　　　　　　　(b) 等価回路

図1・13　並列回路とその等価回路

ここに，

$$R = \cfrac{1}{\cfrac{1}{R_1} + \cfrac{1}{R_2} + \cfrac{1}{R_3}} \tag{1・11}$$

この R が並列回路の合成抵抗である。したがって，R_1，R_2，R_3 が並列に接続された場合には，図(b)のように，$R = 1 \Big/ \left(\cfrac{1}{R_1} + \cfrac{1}{R_2} + \cfrac{1}{R_3} \right)$ の1個の抵抗に置き換えることができる。

このことからわかるように，一般に，**R_1，R_2，R_3，……，R_n の n 個の抵抗を並列に接続した場合の合成抵抗は，それぞれの抵抗の逆数の和の逆数で表される**。すなわち，

並列回路の合成抵抗　　$R = \cfrac{1}{\cfrac{1}{R_1} + \cfrac{1}{R_2} + \cfrac{1}{R_3} + \cdots\cdots + \cfrac{1}{R_n}}$ 　　(1・12)

なお，二つの抵抗 R_1，R_2 が並列に接続された場合の合成抵抗は，次のようになる。

2個のときの合成抵抗　　$R = \cfrac{R_1 R_2}{R_1 + R_2}$ 　　(1・13)

また，**抵抗の並列回路の各分路に流れる電流は，それぞれの抵抗の逆数の比に分流する**[7]。すなわち，

$$I_1 : I_2 : I_3 : \cdots : I_n = \frac{1}{R_1} : \frac{1}{R_2} : \frac{1}{R_3} : \cdots : \frac{1}{R_n} \qquad (1 \cdot 14)$$

例題1 10, 20, 30 Ω の抵抗を直列に接続し，その両端に 100 V の電圧を加えたとき各抵抗の端子間にかかる電圧はいくらか。

解答 図 1·14 のように，回路に流れる電流を I〔A〕とすれば，式(1·5)から，

$$I = \frac{V}{R_1 + R_2 + R_3}$$
$$= \frac{100}{10 + 20 + 30}$$
$$= \frac{100}{60} = \frac{10}{6} \text{〔A〕}$$

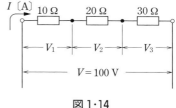

図 1·14

したがって，各抵抗の端子間にかかる電圧は，

$$V_1 = R_1 I = 10 \times \frac{10}{6} = \frac{100}{6} \fallingdotseq 16.7 \text{ V}$$

$$V_2 = R_2 I = 20 \times \frac{10}{6} = \frac{200}{6} \fallingdotseq 33.3 \text{ V}$$

$$V_3 = R_3 I = 30 \times \frac{10}{6} = \frac{300}{6} = 50 \text{ V}$$

例題2 100, 200, 300 Ω の抵抗を並列に接続し，その両端に 100 V の電圧を加えたとき，各抵抗に流れる電流はいくらか。

====================コメント

⑦ $\dfrac{1}{R} = G$（コンダクタンス） 抵抗 R の逆数であるコンダクタンス G を用いると，式(1·11)は次のようになる。

$$G = G_1 + G_2 + G_3$$

また，抵抗の並列回路の各分路に流れる電流は，それぞれのコンダクタンスの比に分流する。すなわち，

$$I_1 : I_2 : I_3 : \cdots\cdots : I_n = G_1 : G_2 : G_3 : \cdots\cdots : G_n$$

解答 図1·15のように，各抵抗に流れる電流をそれぞれ I_1, I_2, I_3〔A〕とすれば，オームの法則から，

$$I_1 = \frac{V}{R_1} = \frac{100}{100} = 1 \text{ A}$$

$$I_2 = \frac{V}{R_2} = \frac{100}{200} = 0.5 \text{ A}$$

$$I_3 = \frac{V}{R_3} = \frac{100}{300} \fallingdotseq 0.33 \text{ A}$$

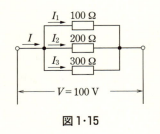

図1·15

例題3 図1·16のように，R_1, R_2〔Ω〕の二つの抵抗を並列に接続し，電源から I〔A〕の電流を流したとき，R_1, R_2〔Ω〕に流れる電流 I_1, I_2〔A〕を求めよ。

解答 R_1, R_2〔Ω〕の並列回路の合成抵抗 R〔Ω〕は，式(1·13)から，

$$R = \frac{R_1 R_2}{R_1 + R_2}$$

したがって，各分路に流れる電流 I_1, I_2〔A〕は，式(1·14)から，

$$I : I_1 : I_2 = \frac{1}{R} : \frac{1}{R_1} : \frac{1}{R_2}$$

$$I \times \frac{1}{R_1} = I_1 \times \frac{1}{R}$$

$$\therefore \quad I_1 = \frac{R}{R_1} \times I = \frac{R_2}{R_1 + R_2} \times I \text{〔A〕}$$

$$I \times \frac{1}{R_2} = I_2 \times \frac{1}{R}$$

$$\therefore \quad I_2 = \frac{R}{R_2} \times I = \frac{R_1}{R_1 + R_2} \times I \text{〔A〕}$$

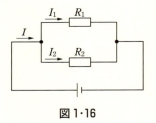

図1·16

問8 10Ωの抵抗2個を並列に接続したときの合成抵抗はいくらになるか。また，合成コンダクタンスはいくらか。　　　（答　5Ω，0.2S）

| 問9 | 60 Ω と 80 Ω の抵抗を直列に接続した回路に，ある電圧を加えたら，60 Ω の抵抗の端子間電圧が 30 V になった。80 Ω の端子間電圧および加えた全電圧を求めよ。

（答　80 Ω の端子間電圧 = 40 V, 全電圧 = 70 V）

[3] 直並列接続の回路

抵抗の直列回路と並列回路を組み合わせた直並列回路は，その組み合わせによっていろいろの形の回路ができるが，いずれも，いままで学んだ計算の知識を応用して計算することができる。

図 1·17 のように，抵抗 R_2〔Ω〕と R_3〔Ω〕を並列に接続し，これに抵抗 R_1〔Ω〕を直列に接続した回路に電圧 V〔V〕を加えた場合を考えてみよう。

一般に，直並列回路の合成抵抗は，並列部分を一つの合成抵抗に置き換えて，図 1·18 のような直列回路として取り扱うと容易に求めることができる。すなわち，bc 間の抵抗 R_{bc} は，式(1·13)から，

$$R_{bc} = \frac{R_2 R_3}{R_2 + R_3} \ [\Omega]$$

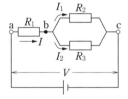

図 1·17　直並列回路

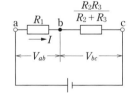

図 1·18　並列部分を一つの抵抗に置き換えた図

したがって，ac 間の合成抵抗 R〔Ω〕は，

$$R = R_1 + R_{bc} = R_1 + \frac{R_2 R_3}{R_2 + R_3} \ [\Omega]$$

となり，電流 I〔A〕は，

$$I = \frac{V}{R} = \frac{V}{R_1 + \dfrac{R_2 R_3}{R_2 + R_3}} = \frac{(R_2 + R_3)}{R_1 R_2 + R_1 R_3 + R_2 R_3} \times V \ [A]$$

この電流は，図 1·17 の R_1 〔Ω〕に流れる電流であるから，この電流が R_2 〔Ω〕と R_3 〔Ω〕に分流することになる。この分流する電流を I_1, I_2 〔A〕とすれば，

$$I_1 = \frac{R_3}{R_2+R_3} \times I \text{〔A〕}$$

$$I_2 = \frac{R_2}{R_2+R_3} \times I \text{〔A〕}$$

となる。

また，図 1·18 に示すように，ab, bc 間の電圧をそれぞれ V_{ab}, V_{bc} とすれば，

$$V_{ab} = R_1 I \text{〔V〕}$$

$$V_{bc} = R_2 I_1 \text{〔V〕} = R_3 I_2 \text{〔V〕} = \frac{R_2 R_3}{R_2+R_3} \times I \text{〔V〕}$$

となる。

[4]　電圧降下

いままで電池などの電源の両端の電圧は一定なものとして扱ってきた。しかし，この電圧は，一般には流れる電流によって変化する。これは，電池などの電源の内部にはわずかな抵抗をもっているためで，その抵抗を**内部抵抗**（internal resistance）という。いま，その内部抵抗を r 〔Ω〕，電池の起電力を E 〔V〕，端子 cd 間に抵抗 R_l 〔Ω〕の負荷を接続し，R 〔Ω〕の抵抗をもった電線を通して負荷に I 〔A〕の電流を供給しているとすれば，図 1·19 のような回路になる。このとき，回路に流れている電流 I 〔A〕は，回路の合成抵抗が $r+R+R_l$ 〔Ω〕で

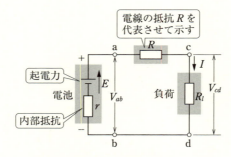

図 1·19　電池の内部抵抗と電圧降下

1.1 電気回路の電圧・電流

あるから，オームの法則によって，

$$I = \frac{E}{r+R+R_l} \, [\mathrm{A}] \tag{1・15}$$

となる。ここで，式(1・15)を変形すれば，

$$E = (r+R+R_l)I = rI + RI + R_l I \, [\mathrm{A}] \tag{1・16}$$

ここに，$RI + R_l I$ は電源の端子 ab 間の電圧 V_{ab}，$R_l I$ は負荷の端子 cd 間の電圧 V_{cd} となるから，式(1・16)は，

$$\left.\begin{array}{l} V_{ab} = RI + R_l I = E - rI \, [\mathrm{V}] \\ V_{cd} = R_l I = V_{ab} - RI \, [\mathrm{V}] \end{array}\right\} \tag{1・17}$$

となる。したがって，電源の端子 ab 間の電圧 V_{ab} は，起電力 E から電源内部の rI の電圧を引いた値となる。この場合，この rI は電源の**内部降下**(internal drop)といい，V_{ab} は電源の**端子電圧**(terminal voltage)という。また，負荷の端子 cd 間の電圧 V_{cd} は，電源の端子電圧 V_{ab} から RI を引いた値となる。これは，電源の端子電圧 V_{ab} が負荷の端子 cd に至る間に，電線の抵抗 R のため RI の電圧が降下することを表している。このとき，RI を R による**電圧降下**(voltage drop)という。

問 10 起電力 1.5 V，内部抵抗 0.5 Ω の電池を，図 1・19 のように ab 間に接続した。ac 間の抵抗 0.1 Ω，cd 間の抵抗 8 Ω のとき，V_{ab}，V_{cd} および ac 間の電圧降下はいくらか。

(答　$V_{ab} ≒ 1.41\,\mathrm{V}$，$V_{cd} ≒ 1.39\,\mathrm{V}$，$V_{ac} ≒ 0.017\,\mathrm{V}$)

問 11 100 V の電源と電熱器の負荷との間を 0.5 Ω の抵抗をもつ電線 2 本によって接続し，10 A の電流を流したとすれば，何ボルトの電圧降下を生ずるか。また，負荷の端子電圧は何ボルトとなるか。

(答　電圧降下 = 10 V，負荷の端子電圧 = 90 V)

5　キルヒホッフの法則

前項で，簡単な直流回路の計算を学んだが，ここでは，図 1・20 に見るような複雑な直流回路をどのような方法で解けばよいかを研究してみよう。

第1章 直流回路

電気回路が複雑になってくると、回路が網の目のようになってくるが、このような回路を**回路網**（network）といい、その一つの閉じた回路を**閉路**（closed circuit）あるいは**網目**（mesh）と呼んでいる。回路網の計算には、まずオームの法則をさらに発展

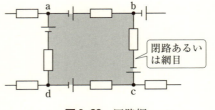

図1・20　回路網

させた**キルヒホッフの法則**（Kirchhoff's law）を用いて解く方法がある。キルヒホッフの法則には、電流に関する第1法則と電圧に関する第2法則とがある。

[1]　キルヒホッフの第1法則（電流に関する法則）

前述したように、1本の導体に流れる電流には連続性があるから、ある点に流入した電流は、その点から流出する電流と等しくなければならない。また、ある点に多数の導体が接続されている場合には、流入する側の導体をひとまとめにし、流出する側の導体をひとまとめにして考えれば、同様に、その接続点においては、電流の連続性が成り立ち、流入した電流は、その点から流出する電流に等しいといえる。したがって、

回路網中の任意の接続点では、その点に流入する電流の総和と流出する電流の総和は等しい。

これを**キルヒホッフの第1法則（電流に関する法則）**という。この法則は、図1・21のように、接続点 O に流入する電流が I_1, I_3 であり、流出する電流が I_2, I_4 であるとすれば、O 点では、

$$I_1 + I_3 = I_2 + I_4 \tag{1・18}$$

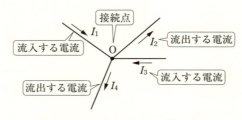

図1・21　キルヒホッフの第1法則

の関係があることを意味している。また，式(1・18)を変形してみると，
$$I_1+I_3+(-I_2)+(-I_4)=0$$
とも書ける。この式は，流入する電流を正，流出する電流を負と考えれば，

回路網中の任意の接続点に流入する電流の総和は 0 である．

ということもできる．

[2] キルヒホッフの第2法則（電圧に関する法則）

回路網中のある電位の点を起点として，任意の回路を一周してもとの起点にもどった場合は，途中で電位の上昇や降下があっても，一周したときはもとの電位の点にもどっている．つまり，途中の電位の上昇と電位の降下は等しく打ち消しあって 0 になる．したがって，

回路網中の任意の閉路を一定方向に一周したとき，回路の各部分の起電力の総和と電圧降下の総和とは互いに等しい．

ただし，この場合，閉路をたどる方向と一致した起電力および電流による電圧降下を正とし，逆のものを負として扱う．これを**キルヒホッフの第2法則（電圧に関する法則）**という．

次に，これを例によって示そう．図1・22のような回路網中の abca の一閉路を考え，起電力の正方向[8]および電流の流れる正方向[8]を図に示す矢印の方向に仮定すれば，図の矢印のように時計方向に一周したときの各区間の電圧降下と起電力の正負は，次のようになる．

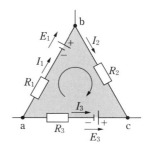

図 1・22　キルヒホッフの第2法則

区間	電圧降下	起電力
a-b	$R_1 I_1$	E_1
b-c	$R_2 I_2$	0
c-a	$-R_3 I_3$	$-E_3$

=コメント=

[8] **電流の正方向**　電流の正方向を定めれば，その部分に流れる電流が仮定した正方向と一致する方向に流れる場合を正(＋)，反対方向に流れる場合を負(－)として扱うことができる．

第1章 直流回路

したがって，電圧降下の総和と起電力の総和が等しいとおくと，キルヒホッフの第2法則は，次のように表すことができる。

$$R_1 I_1 + R_2 I_2 + (-R_3 I_3) = E_1 + (-E_3) \tag{1・19}$$

例題 4 図1・23 のような直流回路で，$E = 100\,\text{V}$，$R = 7\,\Omega$，$R_1 = 12\,\Omega$，$R_2 = 4\,\Omega$ のとき，各抵抗に流れる電流をキルヒホッフの法則を用いて求めよ。

解答 （1）まず，**各分岐路に流れる電流の正方向を仮定し記号を定める**。すなわち，図1・24 のように，各部の電流の流れる方向を矢印で仮定し，これに I，I_1，I_2 の記号をつける。

（2）次に，**キルヒホッフの第1法則によって方程式を立てる**。図1・24 の分岐点 a にキルヒホッフの第1法則を適用すると，

$$I = I_1 + I_2 \tag{1}$$

となる。

（3）次に，**キルヒホッフの第2法則によって方程式を立てる**。一般に，各網目について閉路を一周して方程式を立てる。しかし，各方程式は独立したもの[9]でなければならないから，それぞれ他の方程式を作るとき，まだたどったことのない分岐路を通ることが必要である。例えば，図1・25 のように，網目は，①，②，③が考えられるが，このうち，①と②についてキルヒホッフの第2法則から方程式を立てると，次のよ

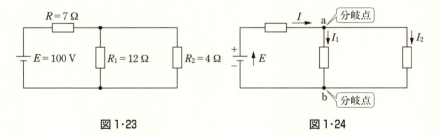

図1・23   図1・24

=コメント=

[9] 例えば，三つの方程式のうち，任意の二つの方程式から，他の一つの方程式が出てこないことを，各方程式は独立しているという。

1.1 電気回路の電圧・電流

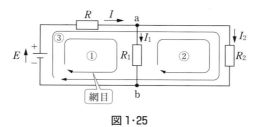

図1·25

うになる。

網目①から，
$$RI + R_1 I_1 = E \tag{2}$$
網目②から，
$$-R_1 I_1 + R_2 I_2 = 0 \tag{3}$$
式（2）と式（3）に与えられた数値を代入すると，
$$7I + 12 I_1 = 100 \tag{4}$$
$$-12 I_1 + 4 I_2 = 0 \tag{5}$$

いま，網目を①と②について考えたが，①と③について考えてもよい。

（4） 最後に，**連立方程式を解く**。式（1），式（4），式（5）によって連立方程式を解けばよい。

まず，式（1）を式（4）に代入すれば，
$$7(I_1 + I_2) + 12 I_1 = 100 \quad \therefore \quad 19 I_1 + 7 I_2 = 100 \tag{6}$$
式（5）と式（6）から I_2 を消去するために，まず，式（5）の両辺に7をかけると，
$$-12 \times 7 I_1 + 4 \times 7 I_2 = 0 \tag{7}$$
また，式（6）の両辺に4をかけると，
$$19 \times 4 I_1 + 7 \times 4 I_2 = 100 \times 4 \tag{8}$$
式（7）と式（8）から，
$$-160 I_1 = -400 \quad \therefore \quad I_1 = \frac{400}{160} = 2.5 \, \text{A} \tag{9}$$
式（9）を式（5）に代入すると，

$$-12 \times 2.5 + 4I_2 = 0 \quad \therefore \quad I_2 = \frac{30}{4} = 7.5 \text{ A} \qquad (10)$$

式(9)と式(10)を式(1)に代入すると，
$$I = I_1 + I_2 = 2.5 + 7.5 = 10 \text{ A}$$

例題5 図 1·26 のような直流回路で，$E_1 = 18$ V，$E_2 = 12$ V，$E_3 = 6$ V，$R_1 = 8\ \Omega$，$R_2 = 2\ \Omega$，$R_3 = 8\ \Omega$ としたとき，各抵抗 R_1，R_2，R_3 を流れる電流 I_1，I_2，I_3 の値を求めよ．

解答 各抵抗 R_1，R_2，R_3 に流れる電流の正方向を図 1·27 のように定めて，分岐点 a にキルヒホッフの第1法則を適用すると，

$$I_1 + I_2 = -I_3 \qquad (1)$$

となる．次に，図のように，網目①，②を考え，キルヒホッフの第2法則を適用する．一般に，回路網中の任意の閉路にそって一定方向に一周して方程式を立てるとき，そのたどる方向は時計方向，反時計方向どちらでもよい[10]．いま，図のように網目①，②において，反時計方向に一周して方程式を立てると，

網目①から，

$$R_1 I_1 - R_2 I_2 = E_1 - E_2 \quad \therefore \quad 8I_1 - 2I_2 = 6 \qquad (2)$$

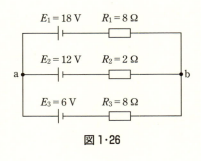

図 1·26

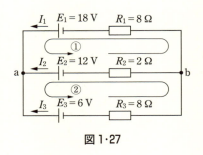

図 1·27

=コメント

⑩ 普通は，反時計方向を正に考える場合が多い．

1.1 電気回路の電圧・電流

網目②から，

$$R_2 I_2 - R_3 I_3 = E_2 - E_3 \quad \therefore \quad 2I_2 - 8I_3 = 6 \quad (3)$$

式(3)に式(1)を代入すると，

$$2I_2 + 8(I_1 + I_2) = 6 \quad \therefore \quad 8I_1 + 10I_2 = 6 \quad (4)$$

式(2)と式(4)から，

$$-12I_2 = 0 \quad \therefore \quad I_2 = 0 \quad (5)$$

式(5)を式(2)に代入すると，

$$8I_1 - 2 \times 0 = 6 \quad \therefore \quad I_1 = \frac{6}{8} = 0.75 \text{ A} \quad (6)$$

式(5)と式(6)を式(1)に代入すると，

$$I_3 = -(I_1 + I_2) = -(0.75 + 0) = -0.75 \text{ A}$$

I_3 の正方向を図1·27のように定めると，I_3 は − の値となった。これは，I_3 が最初定めた方向と反対方向に流れていることを意味する。

問 12 図1·28で，$R_1 = 30\,\Omega$, $R_2 = 20\,\Omega$, $R_3 = 10\,\Omega$, $E = 11\,\text{V}$ であるとき，電流 I_1, I_2, I_3 をキルヒホッフの法則から求めよ。

（答 $I_1 = 0.2\,\text{A}$, $I_2 = 0.3\,\text{A}$, $I_3 = 0.5\,\text{A}$）

問 13 図1·29で，$R_1 = 0.25\,\Omega$, $R_2 = 0.1\,\Omega$, $R_3 = 0.1\,\Omega$, $E_1 = 4\,\text{V}$, $E_2 = 2\,\text{V}$ のとき，キルヒホッフの法則を用いて電流 I_1, I_2, I_3 を求めよ。

（答 $I_1 = 10\,\text{A}$, $I_2 = 5\,\text{A}$, $I_3 = 15\,\text{A}$）

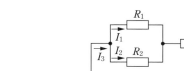

図1·28

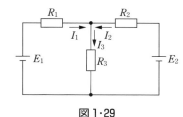

図1·29

6 ホイートストンブリッジ

図 1・30 のように，4 個の抵抗 R_1, R_2, R_3 および R_4 を閉回路となるように接続し，二つの対角線上に電源 E と**検流計**[11] G とを接続した回路を**ホイートストンブリッジ**（Wheatstone bridge）といい，抵抗の測定などに用いられている。

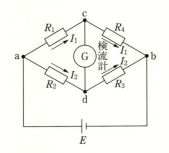

図 1・30 ホイートストンブリッジ

いま，4 個の抵抗のうちどれか一つ，例えば R_3 を加減して，検流計に流れる電流を 0 にすると，cd 間の電位差が 0 になるから，ac 間の電位差と ad の電位差とが等しくなる。いいかえれば，R_1 の電圧降下と R_2 の電圧降下が等しくなる。このような状態を**ブリッジが平衡した**という。

このとき，抵抗 R_1 と R_4 に流れる電流を I_1，抵抗 R_2 と R_3 に流れる電流を I_2 とすれば，次式の関係が得られる。

$$R_1 I_1 = R_2 I_2 \tag{1・20}$$

同様に，cd 間と db 間についても同じことがいえるから，

$$R_4 I_1 = R_3 I_2 \tag{1・21}$$

式(1・20)から I_1 を求め，これを式(1・21)に代入して整理すれば，次式が求められる。

ホイートストンブリッジの平衡条件

$$R_1 R_3 = R_2 R_4 \quad \text{あるいは} \quad \frac{R_1}{R_4} = \frac{R_2}{R_3} \tag{1・22}$$

この関係式を**ブリッジの平衡条件**という。ブリッジが平衡していれば，式(1・22)から，ブリッジを構成する 4 個の抵抗のうち 3 個の値がわかれば，残りの一つの値を知ることができる。例えば，図 1・30 の R_4 が未知抵抗とすれば，

===================コメント

[11]**検流計** 検流計（galvanometer）は，微小な電流が測れる電流計である。

$$R_4 = \frac{R_1}{R_2} \times R_3 \tag{1・23}$$

として求めることができる。

例題 6 図 1・31 のホイートストンブリッジにおいて，抵抗 R_3 を調整して 955 Ω にしたとき，スイッチ S を閉じても検流計 G に電流が流れなくなったという。未知抵抗 R_4 は何〔kΩ〕か。

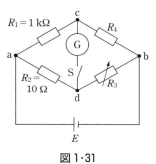

図 1・31

解答 ブリッジの平衡条件から，
$$R_1 R_3 = R_2 R_4$$
$$\therefore \quad R_4 = \frac{R_1}{R_2} \times R_3 = \frac{1 \times 10^3}{10} \times 955$$
$$= 955 \times 10^2 = 95.5 \times 10^3 \, \Omega = 95.5 \, \text{kΩ}$$

問 14 図 1・32 のブリッジの検流計 G の振れが 0 になったとき，抵抗 X は何〔Ω〕か。

（答　4.3 Ω）

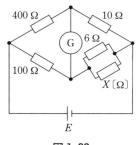

図 1・32

7　電池の接続法

電池の接続法には，図 1・33 のように，**直列接続**（series connection）と**並列接続**（parallel connection）および直列と並列を組み合わせた**直並列接続**（series-parallel connection）がある。

まず，起電力 E〔V〕，内部抵抗 r〔Ω〕の同一の電池 3 個を図 1・34(a)のように直列に接続し，その両端の ad 間に R〔Ω〕の外部抵抗（負荷抵抗）をつないだ場合について考えてみよう。この場合，回路に流れる電流を I〔A〕とし，図

第1章 直流回路

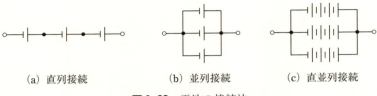

(a) 直列接続　　(b) 並列接続　　(c) 直並列接続

図1·33 電池の接続法

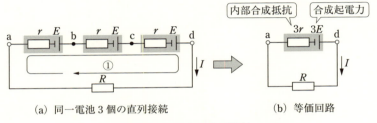

(a) 同一電池3個の直列接続　　(b) 等価回路

図1·34 電池の直列接続

(a)の矢印の方向に一周して，キルヒホッフの第2法則を適用すると，
$$E+E+E = rI+rI+rI+RI$$
よって，次のようになる。

同一電池3個を直列に接続したときの負荷電流　$I = \dfrac{3E}{3r+R}$〔A〕　(1·24)

ここに，$3E$ は，起電力 E の3個の電池を直列に接続した場合の合成起電力であり，$3r$ は内部合成抵抗である。したがって，起電力 $3E$〔V〕，内部抵抗 $3r$〔Ω〕の1個の電池に置き換えて考えられ，この場合の等価回路は，図(b)のように表される。

一般に，起電力 E〔V〕，内部抵抗 r〔Ω〕の同一の電池を n 個直列に接続したとき，その回路に流れる電流 I〔A〕は，次のようになる。

同一電池 n 個を直列に接続したときの負荷電流　$I = \dfrac{nE}{nr+R}$〔A〕　(1·25)

次に，図1·35(a)のように，起電力 E〔V〕，内部抵抗 r〔Ω〕の等しい電池3

1.1 電気回路の電圧・電流

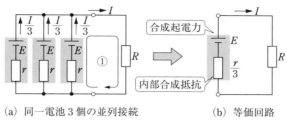

(a) 同一電池3個の並列接続　　(b) 等価回路

図1・35 電池の並列接続

個を並列に接続し，その両端に R〔Ω〕の外部抵抗をつないだ場合を考えてみよう。この場合，R に流れる電流を I〔A〕とすれば，各電池には，起電力も内部抵抗も全く等しいから，それぞれ $\frac{I}{3}$〔A〕の等しい電流が流れることになる。したがって，図の網目①にキルヒホッフの第2法則を適用すれば，

$$r \times \frac{I}{3} + RI = E$$

よって，次のようになる。

> **同一電池3個を並列に接続したときの負荷電流**　$I = \dfrac{E}{\dfrac{r}{3} + R}$ 　　　(1・26)

このように，3個の等しい電池を並列に接続した場合には，合成起電力は1個の場合と全く同じで，内部抵抗は $\frac{r}{3}$ となる。したがって，起電力 E〔V〕，内部抵抗 $\frac{r}{3}$〔Ω〕の1個の電池に置き換えて考えられ，この場合の等価回路は図(b)のように表される。

一般に，起電力 E〔V〕，内部抵抗 r〔Ω〕の同一の電池を m 個並列に接続したとき，負荷抵抗 R に流れる電流 I〔A〕は，次のようになる。

> **同一電池 m 個を並列に接続したときの負荷電流**　$I = \dfrac{E}{\dfrac{r}{m} + R}$ 　　　(1・27)

ここで，一つの例として，起電力の異なった二つの電池を並列に接続した場合を考えてみよう。

図1・36のように，起電力 E_1, E_2〔V〕，内部抵抗 r_1, r_2〔Ω〕の2個の電池を並列に接続し，R〔Ω〕の外部抵抗に I〔A〕の電流を供給しているとする。いま，各電池に流れる電流を I_1, I_2 とすれば，$I_2 = I - I_1$ であるから，図の網目①に，キルヒホッフの第2法則を適用して，

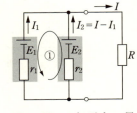

図1・36 起電力の異なる電池の並列接続

$$r_2(I - I_1) - r_1 I_1 = E_2 - E_1$$

$$\therefore \quad I_1 = \frac{r_2}{r_1 + r_2} \times I - \frac{E_2 - E_1}{r_1 + r_2} \quad (1\cdot 28)$$

$$\therefore \quad I_2 = I - I_1 = \frac{r_1}{r_1 + r_2} \times I + \frac{E_2 - E_1}{r_1 + r_2} \quad (1\cdot 29)$$

となる。この式(1・28)，式(1・29)の第2項は，外部抵抗 R に流れる負荷電流 I には関係なく，両電池の起電力の差 $(E_2 - E_1)$ と内部抵抗の和 $(r_1 + r_2)$ によって決まり，電池相互間に循環して流れる電流である。この電流を**循環電流**（circulating current）という[⑫]。

問15 起電力8V，内部抵抗0.15Ωの同一電池12個を直列に接続し，その端子間に負荷抵抗をつないだとき2A流れた。この負荷抵抗はいくらか。　　　　　　　　　　　　　　　　　（答　46.2Ω）

=コメント=

⑫ **電池の循環電流**　異なる起電力をもった電池を並列に接続すると負荷に関係なく循環電流が流れて電池が消耗する。したがって，電池の並列接続は一般には用いない場合が多い。

1.2 消費電力と発生熱量

1 電力・電力量・効率

　ある負荷に電圧を加えて電流を流すと，熱を発生したり，電灯をつけたり，電動機をまわしたり，種々の仕事をする。この電気のする仕事の量，すなわち電気エネルギーについては，5ページの電圧の定義から，逆に「**2点間に1ボルトの電圧を加え，1クーロンの電荷が移動すると1ジュールの仕事をする**」ということができる。したがって，V〔V〕の電圧を加えてQ〔C〕の電荷が移動すれば，VQジュールの仕事をする。また，電流I〔A〕がt秒間流れると，電荷は$Q = It$〔C〕になるから，電気エネルギーは次式のように表せる。

$$電気エネルギー = VQ = VIt \text{〔J〕} \tag{1・30}$$

[1] 電力

　電気回路において行われる仕事の量，すなわち電気エネルギーは，式(1・30)で与えられるが，この場合，1秒間当たりに行われる仕事の量を**電力**（electric power）または**消費電力**という。この電力の単位には**ワット**（watt，単位記号W）が用いられる。1ワットは1秒間当たり1ジュールの仕事をする量である。したがって，ワットはジュール毎秒〔J/s〕の単位と同じである。

　いま，V〔V〕の電圧を加えて，I〔A〕の一定電流がt秒間流れ，Q〔C〕の電荷が移動したとすれば，このときの電力P〔W〕は，次式のようになる。

$$\text{電力} \quad P = \frac{VQ}{t} = \frac{VIt}{t} = VI \text{〔W〕} \tag{1・31}$$

　したがって，**電力P〔W〕は，電圧V〔V〕と電流I〔A〕の積である**。また，図1・37のように，R〔Ω〕の抵抗にV〔V〕の電圧を加えI〔A〕の電流が流れたとすれば，オームの法則から，$V = RI$，$I = \dfrac{V}{R}$の関係があるから，電力P〔W〕は，次式のようにも表せる。

第1章 直流回路

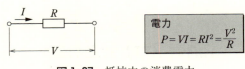

図1·37 抵抗中の消費電力

電力 $P = VI = RI^2 = \dfrac{V^2}{R}$ 〔W〕 (1·32)

なお，電力の単位には，小さな電力を表すのに**ミリワット**（milliwatt，単位記号 mW），大きな電力を表すのに**キロワット**（kilowatt，単位記号 kW）や**メガワット**（megawatt，単位記号 MW）という単位[13]も使われる。

例題1 ある電灯に 100 V の電圧を加えると 0.2 A の電流が流れる。この電灯の電力はいくらか。

解答 電力 P 〔W〕は，式(1·31)から，
$$P = VI = 100 \times 0.2 = 20 \text{ W}$$

例題2 100 V の電圧を加えたとき，100 W の電力を消費する抵抗 R_1 と 400 W の電力を消費する抵抗 R_2 を直列に接続して，その両端に 200 V の電圧を加えたらいくらの電力を消費するか。

解答 まず，R_1，R_2 の抵抗値を求める。式(1·32)から，$R = \dfrac{V^2}{P}$ であるから，

(1) $V = 100$ V，$P_1 = 100$ W の抵抗 R_1 は，

――――――――――――――コメント
[13] **電力の単位の関係**

$1 \text{ mW} = \dfrac{1}{1\,000} \text{ W} = 10^{-3} \text{ W}$

$1 \text{ kW} = 1\,000 \text{ W} = 10^3 \text{ W}$

$1 \text{ MW} = 1\,000 \text{ kW} = 1\,000 \times 1\,000 \text{ W} = 10^6 \text{ W}$

$$R_1 = \frac{V^2}{P_1} = \frac{100^2}{100} = 100 \ \Omega$$

(2) $V = 100$ V, $P_2 = 400$ W の抵抗 R_2 は,

$$R_2 = \frac{V^2}{P_2} = \frac{100^2}{400} = 25 \ \Omega$$

となる。次に, この R_1, R_2 を直列に接続して, その両端に $V_0 = 200$ V を加えたときの消費電力を P_0 〔W〕とすれば,

$$P_0 = \frac{V_0{}^2}{R_1 + R_2} = \frac{200^2}{100 + 25} = \frac{40\,000}{125} = 320 \text{ W}$$

問 1　20 Ω の負荷に 5 A の電流が流れているとき, その負荷の消費電力はいくらか。　　　　　　　　　　　　　　　　　　　　　　（答　500 W）

問 2　100 V 用 80 W の電球の抵抗と電流を求めよ。

（答　125 Ω, 0.8 A）

[2] 電力量

ある電力で一定時間内になされた電気的な仕事量を**電力量**（electric energy）といい, **電力と時間の積で表される**。すなわち, 電力を P〔W〕, 時間を t〔s〕とすれば, 電力量 W〔J〕は, 次式で表される。

> **電力量**　$W = Pt = VIt$ 〔J〕　　　　　　　　　　　　　　　　　(1・33)

電力量の単位としては, ジュール〔J〕が用いられる。これは実用的には比較的小さな単位なので, 時間に時の単位を用いた**ワット時**（watt-hour, 単位記号 W·h）あるいはこの 1 000 倍の**キロワット時**（kilowatt-hour, 単位記号 kW·h）が一般に用いられる[14]。

―――――――――――――――――――――――――――――――コメント

[14] 電力量の単位の関係
　　1 J = 1 W·s
　　1 W·h = 3 600 J, あるいは 3 600 W·s
　　1 kW·h = 1 000 W·h = 1 000 × 3 600 W·s = 3.6 × 10^6 W·s

第1章 直流回路

例題 3 ある電灯に 100 V の電圧を加えると 0.6 A の電流が流れる。この電灯を 100 V の電圧で連続して 10 時間点灯したときの消費した電力量を求めよ。

解答 電力量 W 〔J〕は，式(1·33)から，
$$W = VIt = 100 \times 0.6 \times 10 \times 60 \times 60 = 2.16 \times 10^6 \text{ J}$$
となる。これではだいぶ大きな数となるので，SI[15]併用単位の〔W·h〕あるいは〔kW·h〕を用いて表すのが一般的である。
$$W = VIt = 100 \times 0.6 \times 10 = 600 \text{ W·h あるいは } 0.6 \text{ kW·h}$$

問 3 ある抵抗に 100 V の電圧を加え，0.2 A の電流を 10 分間流したときの電力量は何ワット時か。　　　　　　　　　　　　（答　3.3 W·h）

問 4 25 Ω の抵抗に 100 V の電圧を 5 時間加えたときの電力量を〔J〕，〔W·h〕，〔kW·h〕で示せ。
　　　　　　　　　　　　（答　7 200 000 J，2 000 W·h，2 kW·h）

問 5 120 Ω の抵抗線を 6 本並列に接続し，その端子間に 100 V の電圧を加え，2 時間連続して電流を流せば，電力量は何ジュールか。
　　　　　　　　　　　　（答　3 600 000 J）

[3] 効率

前述したように，電圧 V〔V〕を加えて，電流 I〔A〕を流すと，$P = VI$〔W〕の電力を消費して，いろいろな仕事をする。このエネルギーは，起電力をもつ発電機，電池などから供給される。

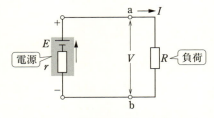

図 1·38 負荷に電力を供給する回路

図 1·38 に示すように，起電力 E〔V〕，内部抵抗 r〔Ω〕の電源から，R〔Ω〕の抵抗に電力を供給する場合を考えてみよう。負荷の端子電圧を V〔V〕とすれば，キルヒホッフの第 2 法則から，

=コメント=

[15] SI（国際単位系：International System of Units，略称：SI）

$$E = V + rI$$

であるから，この両辺に I 〔A〕をかけると，

$$EI = VI + rI^2$$

$$\therefore P_0 = P + rI^2 \tag{1・34}$$

この $P_0 = EI$ は，電源から供給される全電力であり，$P = VI$ は負荷電力，すなわち電源の出力である。また，rI^2 は電源内部に消費される電力で，**損失電力**といわれる。

この例からわかるように，電源から供給される全電力 P_0 は，rI^2 だけ少ない電力 P になって負荷に供給される。

一般に，供給されたエネルギー（入力）に対して，有効に使用されるエネルギー（出力）は，損失があるため常に小さくなるのが普通である。この場合に，エネルギーが有効に使われる割合を**効率**（efficiency）といい，一般に百分率で表される。すなわち，

$$\text{効率} = \frac{\text{出力}}{\text{入力}} \times 100 = \frac{\text{入力} - \text{損失}}{\text{入力}} \times 100$$

$$= \frac{\text{出力}}{\text{出力} + \text{損失}} \times 100 \% \tag{1・35}$$

例えば，図1・38で考えれば，効率 η（ギリシア文字で，イータと読む）は，次式のようになる。

$$\eta = \frac{P}{P_0} \times 100 = \frac{P_0 - rI^2}{P_0} \times 100 = \frac{P}{P + rI^2} \times 100 \%$$

例題 4 図1・38において，起電力 $E = 2.0\,\text{V}$，内部抵抗 $r = 0.2\,\Omega$ の電池に $3.8\,\Omega$ の外部抵抗 R を接続したとき，電池の供給電力，出力および効率はいくらになるか。

解答 まず，回路に流れる電流 I 〔A〕を求めると，

$$I = \frac{E}{r + R} = \frac{2.0}{0.2 + 3.8} = 0.5\,\text{A}$$

したがって，

供給電力 　$P_0 = EI = 2.0 \times 0.5 = 1.0\ \mathrm{W}$

負荷の端子電圧 　$V = E - rI = 2.0 - 0.2 \times 0.5 = 1.9\ \mathrm{V}$

出力 　$P = VI = 1.9 \times 0.5 = 0.95\ \mathrm{W}$

効率 　$\eta = \dfrac{P}{P_0} \times 100 = \dfrac{0.95}{1.0} \times 100 = 95\ \%$

2　電流による発熱作用（ジュールの法則）

$R\ [\Omega]$ の抵抗に $I\ [\mathrm{A}]$ の電流を t 秒間流したとき，抵抗内で消費される電力量，すなわち電気エネルギー W は，式(1・33)および式(1・32)から，次のようになる。

抵抗 R 内で消費される電力量　　$W = Pt = RI^2 t\ [\mathrm{J}]$ 　　　　　(1・36)

この電気エネルギーは，ジュール（James Prescott Joule, 1818～1889，イギリス）によって，全部熱エネルギーに変換されることが実験的に証明された。すなわち，

抵抗内で消費される電気エネルギーは，すべて熱エネルギーに変換される。

これを**ジュールの法則**（Joule's law）といい，このようにして発生した熱を**ジュール熱**（Joule heat）という。

熱量の単位としては，工業的にはジュールの単位をそのまま用いるが，**カロリー**[16]（calorie，単位記号 cal）という単位を用いる場合もある。1 カロリーの熱量は 4.184 J のエネルギーに相当するので，電気エネルギーによる発生熱量 H $[\mathrm{cal}]$ は，次式で表すことができる。カロリーは，非 SI 単位（国際的に使用が認められていない単位）であり，今後は使用しないことが望ましい。

発生熱量　　$H = \dfrac{RI^2 t}{4.184} \fallingdotseq 0.2390\ RI^2 t\ [\mathrm{cal}]$ 　　　　　(1・37)

=コメント=

[16] **カロリーの定義**　1 カロリー $[\mathrm{cal}]$ は，質量 1 グラム $[\mathrm{g}]$ の水の温度を 1 ℃ 高めるのに要する熱量に相当している。

1.2 消費電力と発生熱量

例題 5 ある抵抗中に 1 kW·h の電力量を消費したとき発生する熱量は何キロカロリー〔kcal〕か。ただし，1 kcal = 1 000 cal とする。

解答 $1\text{ kW·h} = 1\,000\text{ W·h} = 1\,000 \times 60 \times 60 = 3.6 \times 10^6\text{ J}$

したがって，1 cal = 4.184 J であるから，電気エネルギーによる発生熱量 H は，

$$H = \frac{3.6 \times 10^6}{4.184} \fallingdotseq 0.860 \times 10^6 \text{ cal} = 860 \text{ kcal}$$

すなわち，**1 kW·h = 860 kcal** である。

例題 6 抵抗 25 Ω の電熱器に 100 V の電圧を加え，電流を 30 秒間流したとき，発生する熱量をジュール〔J〕，カロリー〔cal〕，キロカロリー〔kcal〕で示せ。

解答 まず，電熱器に流れる電流 I 〔A〕は，

$$I = \frac{100}{25} = 4 \text{ A}$$

したがって，この電流 I を 25 Ω の電熱器に 30 秒間流したときの発生熱量 W 〔J〕は，式(1·36)から，

$$W = RI^2 t = 25 \times 4^2 \times 30 = 12\,000 \text{ J}$$

また，カロリーで求めると，式(1·37)から，

$$H = 0.239\, RI^2 t = 0.239 \times 12\,000 = 2.87 \times 10^3 \text{ cal}$$

キロカロリーで求めると，

$$\frac{2.87 \times 10^3}{10^3} = 2.87 \text{ kcal}$$

問 6 電力 500 W，効率 80 % の湯沸器を用いて，20 ℃ の水 2 L を 80 ℃ まで上昇させるのに要する時間を求めよ。ただし，水 1 L は 1 000 g で，1 kW·h = 860 kcal とする。　　　　（答　21 min）

3 発生熱量と温度上昇

電線は，主に銅やアルミニウムを用いた導体で，この導体に電流を流せば，導体中にわずかな抵抗があるためジュール熱が発生し，熱の伝導・対流・放射によって，この熱を放散する。これらの放散熱量は，導体の温度が上昇するに従い，図1・39のようにしだいに増加する。しかし，電流がある一定の値のときには発生熱量が一定であるから，発生熱量と放散熱量とが等しいある一定温度の状態を保持する。このときの温度が高すぎれば，絶縁物を劣化し，絶縁性を極度に悪化させる。そこで，一般に絶縁電線には「電気設備の技術基準とその解釈」第146条によって安全に流すことができる最大電流が決められている。この電流を **許容電流**（allowable current）と呼んでいる。

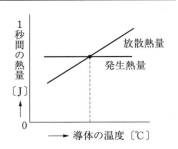

図1・39 発生熱量と導体の温度

図1・40 短絡の例

許容電流以上の電流を流せば当然絶縁は劣化し，時には火災の原因となる。もし，電気機器の端子間や，図1・40のようにコードなどの2線が直接接触するような場合，すなわち **短絡**（short）の状態のときは，回路に過大な電流が流れて危険である。このため，回路に短絡事故その他の原因によって，ある限度以上の過大電流が流れたとき，その回路を遮断して危険を防止する必要がある。この目的のために **過電流遮断器**（overcurrent breaker）や **ヒューズ**（fuse）を回路に直列に接続する。

1.3 電気抵抗

1 電気抵抗と抵抗率・導電率

一般に，物質を流れる電流は，電流の流れる方向に垂直な断面積が増せば流れ

やすく，また流れる距離が長くなれば流れにくくなる。電気抵抗は，実験結果によれば，**断面積に反比例し，長さに比例する**。

いま，図1・41のように，断面積を S〔m²〕，長さを l〔m〕，比例定数（物質が決まれば定まる定数）を ρ（ギリシア文字で，ローと読む）〔Ω·m〕とすれば，抵抗 R〔Ω〕は，次式のように表される。

電気抵抗 $R = \rho \times \dfrac{l}{S}$ 〔Ω〕 (1・38)

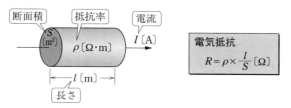

図1・41 導体の電気抵抗

この比例定数 ρ は，単位断面積，単位長さの抵抗を表すもので，これをその物質の**抵抗率**（resistivity）あるいは**固有抵抗**（specific resistance）という。

抵抗率の単位は，断面積 S や長さ l のとり方によって異なる。すなわち，図1・42(a)のように，R に〔Ω〕，S に〔m²〕，l に〔m〕の単位を用いれば，式(1・38)から，

$$\rho = \frac{R〔\Omega〕\times S〔m^2〕}{l〔m〕} = \frac{RS}{l}\left[\frac{\Omega \cdot m^2}{m}\right] = \frac{RS}{l} \;〔\Omega \cdot m〕 \tag{1・39}$$

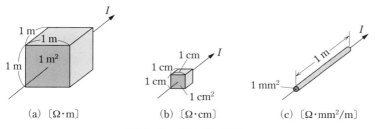

図1・42 抵抗率の単位

となり，ρ は**オームメートル**（ohm meter，単位記号 $\Omega\cdot m$）の単位で表され，標準の単位として最も多く用いられている。

また，図(b)のように，R に〔Ω〕，S に〔cm^2〕，l に〔cm〕の単位を用いれば，ρ の単位は次式のようになる。

$$\rho = \frac{R(\Omega) \times S(cm^2)}{l(cm)} = \frac{RS}{l}\left[\frac{\Omega\cdot cm^2}{cm}\right] = \frac{RS}{l}\ (\Omega\cdot cm)^{⑰} \quad (1\cdot 40)$$

なお，図(c)のように，R に〔Ω〕，S に〔mm^2〕，l に〔m〕の単位を用いれば，

$$\rho = \frac{R(\Omega) \times S(mm^2)}{l(m)} = \frac{RS}{l}\left[\frac{\Omega\cdot mm^2}{m}\right]^{⑰} \quad (1\cdot 41)$$

となる。

抵抗率に対して，物質の中を流れる電流の通りやすさを表すのに，抵抗率の逆数を用い，これを**導電率**（conductivity）と呼んでいる。抵抗率 ρ に対して導電率 σ（ギリシア文字で，シグマと読む）という記号を用い，その単位に**ジーメンス毎メートル**（siemens per meter，単位記号 S/m）を用いている。すなわち，

導電率　$\sigma = \dfrac{1}{\rho}$　〔S/m〕　　　　　　　　　　　　　　　　$(1\cdot 42)$

また，導体などの導電性を比べるために，標準軟銅の導電率[⑱] を 100 % として表したものを**パーセント導電率**（percentage conductivity）という。表 1・1 に各種金属材料の抵抗率，パーセント導電率を示す。

例題 1　抵抗率 $2.66\times 10^{-8}\ \Omega\cdot m$ のアルミ線がある。その断面積が $2\ mm^2$，

――――――――――――――――――――――――――――――――コメント

⑰**抵抗率の単位の関係**
　　$1\ \Omega\cdot cm = 10^{-2}\ \Omega\cdot m$
　　$1\ \Omega\cdot mm^2/m = 10^{-6}\ \Omega\cdot m$
⑱**標準軟銅の導電率**　焼鈍標準軟銅（抵抗率：$1.7241\times 10^{-2}\ \mu\Omega\cdot m$）の導電率を 100 %（IACS 規格）としている。

1.3 電気抵抗

表1·1 金属元素および合金の抵抗率・パーセント導電率・温度係数

種別		抵抗率 $\times 10^{-8}$ 〔Ω·m〕	パーセント導電率 (IACS%)	温度係数〔℃$^{-1}$〕 $\times 10^{-3}$ (0〜100℃)	融点 〔℃〕
金属	銀（Ag）	1.62	106.4	3.8	961
	純銅（Cu）	1.673	103.1	4.3	1 083
	標準軟銅	1.7241	100	3.9	1 083
	金（Au）	2.4	71.8	3.4	1 063
	アルミニウム（Al）	2.66	64.8	4.2	660
	硬アルミニウム	2.82	61.1	3.9	660
	タングステン（W）	5.5	31.3	4.5	3 370
	亜鉛（Zn）	5.92	29.1	3.7	419
	ニッケル（Ni）	6.844	25.2	6	1 452
	鉄（Fe）	9.71	17.8	5	1 535
	白金（Pt）	10.5	16.4	3	1 755
合金	低炭素鋼	13.3〜13.4	12.9〜13.0		1 497
	けい素鋼	20〜62	2.8〜8.6		1 477〜1 517
	パーマロイ	60	2.9		1 437〜1 457
	7/3 黄銅	6.2	27.8		916〜954
	りん青銅	13.0	13.3		954〜1 049
	洋白	29.0	5.9		1 021〜1 110

長さ500 m の抵抗はいくらか計算せよ。

解答 まず，断面積 S が mm² の単位で与えられているから，これを m² の単位に換算すると，

$$S = 2\,\text{mm}^2 = 2 \times (10^{-3})^2 = 2 \times 10^{-6}\,\text{m}^2$$

したがって，式(1·38)から，

$$R = \rho \times \frac{l}{S} = 2.66 \times 10^{-8} \times \frac{500}{2 \times 10^{-6}} = 6.65\,\Omega$$

例題2 直径1 mm，長さ10 m の銅線の抵抗はいくらか。ただし，銅の抵抗率は $1.673 \times 10^{-8}\,\Omega\cdot\text{m}$ とする。

解答 まず，直径 $d\,(=1\,\text{mm})$ が与えられているから，断面積 S〔m²〕は，

$$S = \pi\left(\frac{d}{2}\right)^2 = \pi \times \left(\frac{1 \times 10^{-3}}{2}\right)^2\,\text{〔m}^2\text{〕}$$

したがって，式(1・38)から，

$$R = \rho \times \frac{l}{S} = 1.673 \times 10^{-8} \times \frac{10}{\pi \times (1 \times 10^{-3}/2)^2} \fallingdotseq 0.21\ \Omega$$

2 抵抗の温度係数

　物質の電気抵抗は，温度が変化すると，それにつれて変化する性質をもっている。一般に，金属は温度が上昇すると，その抵抗は増加するが，半導体や炭素，電解液などは逆に抵抗が減少する特性をもっている。

　物質の温度が 1℃ 上昇したときに増加した抵抗をもとの温度のときの抵抗値

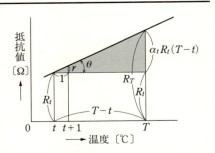

図1・43　温度と抵抗特性

で割った値を一般に抵抗の**温度係数**と呼んでいる。例えば，金属の場合は，図1・43のように，温度の上昇に伴って抵抗が増加し，その温度と抵抗の特性は，常温付近では直線となる。したがって，温度が 1℃ 増加するときの増加した抵抗は直線上どこをとっても同じ値となる。そこで，ある温度 t〔℃〕のときの抵抗が R_t〔Ω〕で，1℃ 上昇したとき抵抗が r〔Ω〕増加したとすれば，その温度のときの温度係数 α_t（α は，ギリシア文字で，アルファと読む。したがって，α_t はアルファティーと読む）は，次式で表される。

温度係数　$\alpha_t = \dfrac{r}{R_t}$　あるいは　$r = \alpha_t R_t$ （一定）　　　　　　　(1・43)

　したがって，純粋な金属のように，温度の上昇とともに抵抗が増加するものは温度係数は正（＋）値になり，半導体，炭素，電解液などのように，温度の上昇とともに抵抗の減少するものは温度係数は負（－）値になる。

　なお，抵抗の温度係数は，基準温度によって異なってくる。普通，基準温度としては，0℃ および 20℃ を用いることが多い。表1・1に各種金属材料の温度係数を示す。

　いま，図1・43に示すように，t〔℃〕における温度係数 α_t，抵抗 R_t〔Ω〕の導

体が T〔℃〕になったとすれば，温度の上昇は $(T-t)$〔℃〕であるから，抵抗の増加は，式(1・43)から $\alpha_t R_t(T-t)$〔Ω〕となり，T〔℃〕における全体の抵抗 R_T は，

$$R_T = R_t + \alpha_t R_t (T-t) = R_t\{1+\alpha_t(T-t)\} \qquad (1\cdot44)$$

となる。また，逆に 0℃ まで温度が下降したとすれば，そのときの導体の抵抗 R_0〔Ω〕は，次式のようになる。

$$R_0 = R_t - \alpha_t R_t (t-0) = R_t(1-\alpha_t t) \qquad (1\cdot45)$$

次に，t〔℃〕のときの温度係数 α_t と T〔℃〕のときの温度係数 α_T との関係を求めてみよう。t〔℃〕のとき R_t〔Ω〕の抵抗は，温度が 1℃ 上昇すると，$\alpha_t R_t$〔Ω〕だけ抵抗が増加する。そして，T〔℃〕における抵抗値 R_T は，式(1・44)から，

$$R_T = R_t\{1+\alpha_t(T-t)\}$$

であるから，T〔℃〕における温度係数 α_T は，式(1・43)によって，

$$\alpha_T = \frac{r}{R_T} = \frac{\alpha_t R_t}{R_t\{1+\alpha_t(T-t)\}} = \frac{\alpha_t}{1+\alpha_t(T-t)} \qquad (1\cdot46)$$

となる。

このように，温度と抵抗の間には一定の関係があるので，逆に導体の抵抗を測定して，これからその温度の上昇を知ることができる。すなわち，式(1・44)を変形すると，

$$T-t = \frac{R_T - R_t}{\alpha_t R_t} \qquad (1\cdot47)$$

となり，これから温度上昇 $(T-t)$ を知ることができる。この方法は，電気機器の巻線の温度を測定するのに用いられる。

また，式(1・47)から，温度 T を知ることができる。これを用いたものに**抵抗温度計**があり，抵抗体には白金線などの測温抵抗体が用いられる。

例題 3 20℃ のとき 20Ω の銅線が 75℃ になったときの抵抗値はいくらになるか。ただし，温度係数 $\alpha_{20} = 0.0043$ とする。

解答 求める抵抗値 R_T〔Ω〕は，式(1・44)から，

$$R_T = R_t\{1+\alpha_t(T-t)\} = 20\{1+0.0043(75-20)\}$$
$$= 20(1+0.0043\times 55) = 24.7\,\Omega$$

例題 4 純銅の 0 ℃ の温度係数 α_0 が $\alpha_0 = 0.004264 \fallingdotseq \dfrac{1}{234.5}$ であるとき，T 〔℃〕のときの温度係数 α_T を求めよ．

解答 T 〔℃〕のときの温度係数 α_T は，式(1·46)から，
$$\alpha_T = \frac{\alpha_0}{1+\alpha_0 T} = \frac{1}{\dfrac{1}{\alpha_0}+T} = \frac{1}{234.5+T}$$

例題 5 ある発電機の銅巻線の抵抗を使用前に測ったら 2.3 Ω あった．次に，使用後測ったら 2.8 Ω となった．使用後の巻線の温度は何度か．ただし，周囲温度は 20 ℃ とする．また，20 ℃ における銅巻線の温度係数 α_{20} は 0.0043 とする．

解答 使用後の温度を T 〔℃〕とすれば，式(1·47)から，
$$T = \frac{R_T - R_t}{\alpha_t R_t} + t = \frac{2.8-2.3}{0.0043\times 2.3} + 20 = 70.6\,℃$$

3　抵抗器
[1]　抵抗材料

　電気回路の電源や負荷を接続する金属線としては，銅線のように抵抗率が少なく導電性の高い材料が用いられる．これに対して，電気回路の抵抗器あるいは測定器または電熱器などの抵抗として用いられる材料は，銅線などより抵抗率が大きく，用途に適した適当な抵抗値をもった材料が必要である．このような材料を**抵抗材料**という．

　抵抗材料としては，銅マンガン線（マンガニン線），銅ニッケル線，ニッケルクロム線〔Cu＋Ni＋Mu（98～99 %）〕などの合金材料が多く用いられるが，ときとしては炭素や炭素系の材料も用いられる．

　電気計器や測定に用いられる抵抗器，実験用の抵抗器などは，温度の変化によって抵抗値が変化すると，誤差の原因になり取り扱いもめんどうになる．した

がって，これらに用いられる抵抗器は，できるだけ温度係数の小さなマンガニン線などが用いられる。

図1・44は，実用的な抵抗の単位標準になる**標準抵抗器**である。これは，特に温度係数が小さいマンガニン線を用いて作られている。

図1・44 標準抵抗器

[2] 抵抗器の種類

これらの抵抗器には，材料の用い方から分類すると，図1・45のような巻線を用いた**巻線抵抗器**，金属や炭素などの皮膜を用いた**皮膜抵抗器**，および炭素微粉末と結合剤と充てん剤の混合物を成型して作った**固定体抵抗器**（一般には，**ソリッド抵抗器**と呼ばれている）がある。ソリッド抵抗器は，主に通信用の小形抵抗器として用いられている。また，抵抗値の状態から分類すると，抵抗値が一定な**固定抵抗器**と加減できる**可変抵抗器**がある。このほか，特殊な抵抗器としては，温度によって抵抗値が大きく変化する**サーミスタ**，電圧によって抵抗値が変化する**バリスタ**などと呼ばれる抵抗器がある。

[3] 抵抗器の色帯による定格表示

我が国では，固定体抵抗器（ソリッド抵抗器），炭素皮膜抵抗器，および巻線抵抗器などは，色帯方式によるカラーコードを用いて表示されている。

第1章　直流回路

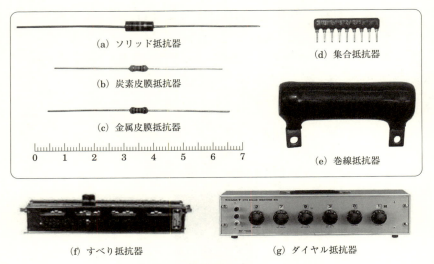

図1・45　各種の抵抗器

色帯は，図1・46に示すようになっている。すなわち，抵抗器の左端より，第1色帯と第2色帯は抵抗値の数値を示し，第3色帯は数値の乗数を示し，単位はΩである。第4色帯は許容差を示しているが，許容差が20％のものでは表示されないことがある。また，抵抗器の器種により，第1色帯は，抵抗器の端にすき

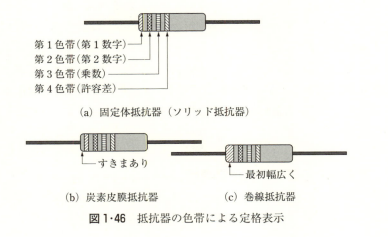

図1・46　抵抗器の色帯による定格表示

表1・2 抵抗器のカラーコード表示の色帯方式

色　　名	第1色帯 (第1数字)	第2色帯 (第2数字)	第3色帯 (乗　数)	第4色帯 (許容差)
黒	0	0	10^0	—
茶　色	1	1	10^1	1 %
赤	2	2	10^2	2 %
だいだい色	3	3	10^3	—
黄	4	4	10^4	—
緑	5	5	10^5	—
青	6	6	10^6	—
紫	7	7	—	—
灰　色	8	8	—	—
白	9	9	—	—
金　色	—	—	10^{-1}	± 5 %
銀　色	—	—	10^{-2}	±10 %
色をつけない	—	—	—	±20 %

まを設けないもの（ソリッド抵抗器）とすきまを設けるもの（炭素皮膜抵抗器）および第1色帯の幅を他の色帯の2倍の広さにしたもの（巻線抵抗器）などがある。

表1・2は，抵抗器の**カラーコード表示**の色帯方式を示したものである。

例えば，抵抗器に図1・47のようなカラーコード表示が示されていれば，第1色帯が黄であるから，表1・2より4，第2色帯が紫であるから7，第3色帯がだいだい色であるから10^3となる。したがって，抵抗値は$47\times10^3\,\Omega$となる。また，第4色帯が赤であるから許容差が2％ということになる。

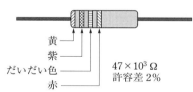

図1・47 抵抗器のカラーコード表示例

4　特殊抵抗

[1] 絶縁抵抗

電気を通しにくいものが絶縁物であって，その抵抗率は，表1・3に示すように大体$10^8\sim10^{18}$〔$\Omega\cdot$m〕の範囲で，非常に高いものである。絶縁物といっても完

表1·3 絶縁物の抵抗率と用途

物質		抵抗率〔Ω·m〕	用途
白マイカ		$10^{14} \sim 10^{15}$	コンデンサの誘電体
セラミックス	長石磁器	$10^{12} \sim 10^{14}$	電力用がいし,がい管,ブッシング
	ステアタイト磁器	$> 10^{14}$	高周波用
	コージェライト磁器	$> 10^{14}$	耐熱用
	アルミナ磁器	$> 10^{14}$	耐熱を要する電気絶縁用
石英ガラス		$10^{16} \sim 10^{19}$	高周波絶縁用,高温・透明を要する耐熱用,光通信用
プラスチックス	エポキシ樹脂	$10^{12} \sim 10^{17}$	電気用接着剤,各種絶縁用
	ポリスチレン樹脂	$> 10^{16}$	高周波絶縁用,光学用,一般器具,装飾用
	シリコーン樹脂	$10^{11} \sim 10^{13}$	電気絶縁用
天然ゴム		$10^{14} \sim 10^{16}$	電気一般

全に電気を通さないわけではないから,わずかながら絶縁物の表面や内部を通して電流が漏れる。この電流を**漏れ電流**（leakage current）という。例えば,図1·48のように,ビニル被覆電線を大地の上におき,大地と心線間に電圧 V〔V〕を加えたとき,漏れ電流 I_l〔A〕が流れたとすれば,絶縁物の抵抗 R_i〔Ω〕は,次式で表される。

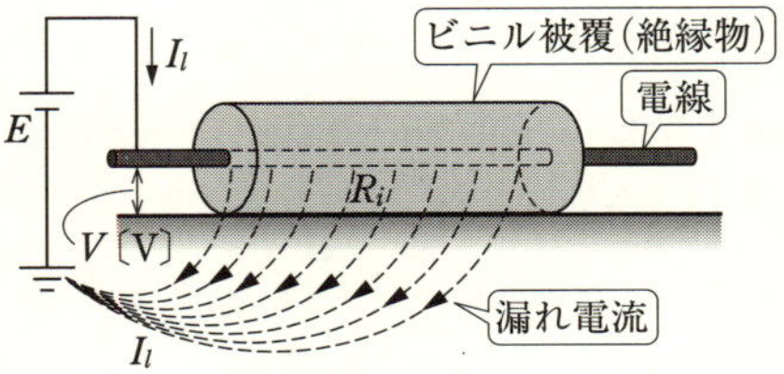

図1·48 漏れ電流

$$R_i = \frac{V}{I_l} \quad 〔Ω〕 \tag{1·48}$$

この R_i を**絶縁抵抗**（insulation resistance）と呼んでいる。この絶縁抵抗値は非常に大きな値なので,普通**メグオーム**（megohm,単位記号 MΩ）[19] の単位が

━━━━━━━━━━━━━━━━━━━━━━━━━━━━━━━ コメント

[19] 絶縁抵抗の単位の関係
$1 \text{ MΩ} = 1\,000 \text{ kΩ} = 1\,000\,000 \text{ Ω} = 10^6 \text{ Ω}$

用いられる。

一般に,絶縁抵抗の特徴として,次のようなことがあげられる。
① 温度係数は負の値である。
② 電圧が高くなると,その抵抗値が小さくなる傾向がある。
③ 絶縁電線の被覆の長さに反比例して,その抵抗が低くなる。

[2] 接触抵抗と接地抵抗

電線と電線の接続部分,電球の口金とソケットの受口の接触部分などのように,二つの導体の接触部には接触による抵抗がある。このような抵抗を**接触抵抗**（contact resistance）という。この接触抵抗によってジュール熱が発生し,温度上昇とともに導体の接触部の表面酸化および支持物や器具の絶縁の劣化を招く結果となる。一般に,接触する導体の種類によっても異なるが,接触面積,接触圧などの増加とともに接触抵抗は減少することが知られている。

次に,電気回路では,感電防止その他の目的で,電気回路の一端や電気機器の外箱に電線を接続し,図1・49に示すように,これの端に銅板などの電極を接続して大地に埋設する場合がある。これを**接地**（earth）[20]といい,電極を**接地電極**あるいは**接地板**という。この場合,接地電極と大地（地球）との間に生ずる抵抗を**接地抵抗**（grounding resistance）という。接地した回路においては,電位の基準は大地（地球）を電位0と定めている。

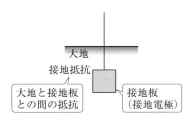

図1・49 接地板と大地

---

⑳**接地の図記号** 接地を簡単に表すには,図1・50のような図記号が用いられる。

図1・50 接地の図記号

5 超伝導

超伝導（superconductivity）とは，ある温度以下で物質の電気抵抗が零になる現象で，この境界の温度を**臨界温度**という。

この超伝導現象は，1911年にオランダの科学者カメルリン・オンネス（Kamerlingh Onnes）が極低温における水銀の電気抵抗を測定していて偶然に発見されたもので，水銀は液体ヘリウムの 4.2 K（-268.9 ℃）に冷やされると電気抵抗を失うことがわかった。その後，多くの物質について，この現象が見つかっており，最近では臨界温度が 35 K の酸化物セラミックスや 90 K 以上の物質も発見されている。

このように，超伝導は，電気抵抗が零になるので，エネルギーの損失がなく大電流を流すことができ，また強力な磁石が得られるので，その応用は極めて広い範囲にわたっており，それぞれの分野で研究が進められている。

6 半導体

常温における物質の抵抗率が，金属のように 10^{-4} Ω·m 以下のものを導体，ガラスのように 10^7 Ω·m 以上のものを絶縁物とみなすことができる。その中間の抵抗率の物質もあり，これを一般に**半導体**（semiconductor）と呼んでいる。

この半導体には，ゲルマニウム（Ge）やシリコン（Si）などがあり，不純物の全く入っていない純粋な半導体を**真性半導体**（intrinsic semiconductor）という。また，この真性半導体の単結晶に，微量の不純物（10^{-6}% 程度）を混ぜ合わせたものを**不純物半導体**（impurity semiconductor）という。

不純物半導体には，その不純物の種類によって，それぞれ異なった性質を表す n 形半導体と p 形半導体がある。**n 形半導体**（n-type semiconductor）は，金属と同様に負の電気をもった電子が電流の主役を果たし，**p 形半導体**（p-type semiconductor）は，電子の抜けたあとの正孔（ホール）が電流の主役となる。なお，このように電気の運び手となる電子や正孔のことを**キャリヤ**（carrier）と呼んでいる。

微量の不純物などが半導体の電気抵抗を決める要因となり，金属（導体）が温度の上昇とともに電気抵抗が大きくなるのに対して，半導体は逆に温度上昇とともに電気抵抗は減少する傾向を示す。その結果，抵抗の温度係数は負になる性質

をもっている。

また、半導体には、後で学ぶ**熱電効果**や、光を半導体に照射すると導電性が高くなる**光電効果**、半導体の電気抵抗が磁界によって変化する**磁気抵抗効果**などがある。

そして、これらの性質を積極的に利用したダイオード、トランジスタ、IC（integrated circuit の略、集積回路のことで、一つの半導体基板の上に、多数のトランジスタやダイオード、抵抗、コンデンサなどの素子を集積し、金属薄膜で配線して作った電子回路である）、LSI（large scale integrated circuit の略、大規模集積回路のことで、一つの半導体チップの上に約 1 000 個以上の素子を集積化した集積回路である）などが実用され、数々の電子機器が作られている。

1.4 電気の各種の作用

1 熱電気現象

熱によって導体に起電力を生じ、また電流によってジュール熱以外の熱が生ずる現象を一般に**熱電効果**と呼んでいる。これらの現象には、ゼーベック効果、ペルチエ効果、トムソン効果などがあげられる。次に、これらの効果について調べてみよう。

[1] ゼーベック効果

図 1・51 のように、二種の異なった金属または金属と半導体で閉路を作り、その接合部 a、b に温度差を与えると、その温度差に応じて起電力が発生し、電流が流れる。この発生した起電力を**熱起電力**、流れる電流を**熱電流**という。また、この二種の金属などを組み合わせたものを**熱電対**（thermocouple）という。この現象は、ゼーベック（Thomas Johann Seebeck, 1770～1831, ドイツ）によって発見されたので、**ゼーベック効果**（Seebeck effect）と呼んでいる。

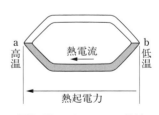

図 1・51 ゼーベック効果

第1章 直流回路

表1·4 種々の金属の白金に対する熱起電力

金　属	熱起電力〔mV〕	金　属	熱起電力〔mV〕
亜　　　鉛	+0.76	炭　　　素	+0.70
アルミニウム	+0.42	鉄	+1.98
アンチモン	+4.89	銅	+0.76
カドミウム	+0.90	鉛	+0.44
金	+0.78	マンガニン	+0.61
銀	+0.74	*ケイ　素	−41.56
*ゲルマニウム	+33.90	コバルト	−1.33
黄銅（真ちゅう）	+0.60	コンスタンタン	−3.51
水　　　銀	+0.045	ビスマス	−7.34
タンタル	+0.33	ニッケル	−1.48
タングステン	+1.12		

〔注〕① 熱起電力の符号（＋）は電流が0℃の接続点を通って白金のほうに，（−）はその逆に流れることを意味する。
② 表中の＊印は，半導体であるが，熱電対としていろいろすぐれた特性をそなえている。

　熱起電力の大きさは，二種の金属などの種類や接合部の温度差によって異なり，熱起電力の方向は二種の金属などの組み合わせによって定まる。表1·4は白金に対する種々の金属の熱起電力の例である。この表は，低温接点を0℃，高温接点を100℃にしたときの値である。

例題 1　アンチモンとビスマスを組み合わせ，高温接点を100℃，低温接点を0℃としたときの熱起電力の大きさと方向を求めよ。

解答　表1·4から，アンチモンの熱起電力 e_1 は +4.89 mV，ビスマスの熱起電力 e_2 は −7.34 mV であるから，これを組み合わせた熱起電力の大きさ e_{12}〔mV〕は，

$$e_{12} = e_1 - e_2 = (+4.89) - (-7.34) = 12.23 \text{ mV}$$

　また，熱起電力の方向は，図1·52のように，低温接点0℃において，アンチモンからビスマスのほうに向かっている。

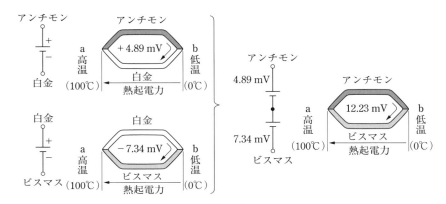

図1・52

> **問1** 例題1と同じ温度条件で,鉄とコンスタンタンを組み合わせた場合の熱起電力の大きさと方向を求めよ。
>
> (答 5.49 mV,低温接点0℃において,鉄からコンスタンタンのほうに向かう)

[2] ペルチエ効果

ゼーベック効果の逆の現象で,図1・53のように,二種の異なった銅とコンスタンタンまたは銅と半導体の両端を接合させて,電流を銅からコンスタンタンまたはn形半導体の方向に流せば,ジュール熱以外の熱を発生し,逆にコンスタンタンまたはn形半導体から銅の方向に電流を流せば熱を吸収する。この熱効果は可逆的で,電流の向きを前とは逆方向にすれば,熱の発生吸収も逆になる。この現象は,ペルチエ(Jean Charles Athanase Peltier, 1785~1845, フランス)によって発見されたので**ペルチエ効果**(Peltier effect)という。

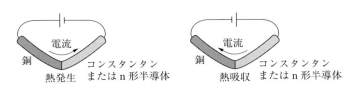

図1・53 ペルチエ効果

[3] トムソン効果

ゼーベック効果，ペルチエ効果は，異なった二種の金属などの接合部における熱電気現象であるが，銅やアンチモンなどの一つの金属の2点間に温度差があって，高温部から低温部方向に電流を流せば，熱を発生し，鉄・ニッケルなどは熱を吸収する。この現象は，トムソン（William Thomson, 1824～1907，イギリス）によって発見されたので**トムソン効果**（Thomson effect）という。なお，電流が高温部から低温部の方向に流れるとき発熱する場合を正（＋）と定義している。したがって，銅・アンチモンは正，鉄・ニッケルは負となる。

以上のような熱電気現象を利用して金属に対する熱起電力の測定から，半導体のn形，p形の伝導形などの性質を知ることができる。また，熱電効果の大きな半導体材料の開発によって，電子冷凍，熱電発電なども実用化されている。

2 電気の化学作用
[1] 電解液とイオン

純粋な水は，抵抗が非常に大きいので電流が流れない。しかし，水の中に食塩や硫酸などを溶かした水溶液は電流が流れやすくなり，その中に（＋），（－）の二つの電極板を入れ，これに直流電源をつなぐと電流が流れて電極表面で化学反応を生ずる。このように，水に溶けて電気をよく通すようになる物質を**電解質**（electrolyte）といい，その水溶液を**電解液**（electrolyte solution）という。

一般に，電解液中では電解質が正電荷を帯びた**陽イオン**（cation）と負電荷を帯びた**陰イオン**（anion）に分離された状態になる。このような状態を**電離**（ionization）という。したがって，電源から電極間に電圧を加えれば，陽イオンは陽（＋）極のほうから陰（－）極へ向かい，また陰イオンは陰極のほうから陽極へ向かって移動し，それぞれのもつ電荷を電極に与えるため，電流が流れるわけである。

電解液内において陽イオンになるものと，陰イオンになるものとは常に一定していて，次のようになることが知られている。

　　陽イオン：水素（H），金属（Na，Cu，Ag…）など
　　陰イオン：酸基（SO_4，NO_3，Cl…），水酸基（OH）など

イオンを表すには，陽イオンのときは化学記号の右肩に＋印を原子価だけつ

表1・5 電解質のイオン記号

酸	塩　　　　　酸	$HCl \rightleftarrows H^+ + Cl^-$
	硫　　　　　酸	$H_2SO_4 \rightleftarrows 2H^+ + SO_4{}^{2-}$
	硝　　　　　酸	$HNO_3 \rightleftarrows H^+ + NO_3{}^-$
アルカリ	水酸化ナトリウム	$NaOH \rightleftarrows Na^+ + OH^-$
	水酸化カリウム	$KOH \rightleftarrows K^+ + OH^-$
塩　基	塩化ナトリウム	$NaCl \rightleftarrows Na^+ + Cl^-$
	硫　酸　銅	$CuSO_4 \rightleftarrows Cu^{2+} + SO_4{}^{2-}$
	硝　酸　銀	$AgNO_3 \rightleftarrows Ag^+ + NO_3{}^-$
	塩化アンモニウム	$NH_4Cl \rightleftarrows NH_4{}^+ + Cl^-$

け，また陰イオンのときは − 印を原子価だけつけて表す．表1・5は，電解質がその水溶液内において電離して陽イオンと陰イオンに分かれる状態をイオン記号をもって示したものである．

[2] 電気分解

例えば，図1・54のように，希硫酸（H_2SO_4）の電解液中に白金電極板を2枚対立させ，これに直流電源とスイッチSをつなぐ．

いま，スイッチSを閉じて電極間に電圧を加えれば，電解液中の水素イオン H^+ が陰極に引かれて陰極板に達し，正電荷を与え，中和して陰極板上に水素ガス H_2 として発生する．一方，硫酸イオン $SO_4{}^{2-}$ は，さらに陽極板に達し負電荷（$2e^-$）[21]を与えて中和するので，電流が流れること

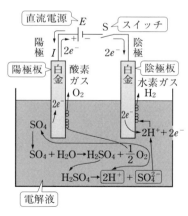

図1・54 水の電気分解

=コメント=

[21] $2e^-$ は，負電荷をもった2個の電子を意味する．

になる。中和した SO_4 は電解液中の水 H_2O の水素 H_2 と反応して硫酸 H_2SO_4 にもどり，陽極板上に酸素ガス O_2 を遊離する。したがって，外見上は水 H_2O が水素 H_2 と酸素 O_2 に分解された形になる。このように，電解液に電流が流れて電解質を化学的に分解する現象を**電気分解**（electrolysis）という。

電気分解は，工業の分野で多く利用されている。例えば，水の電気分解によって酸素と水素を得たり，食塩水の電気分解によって，か性ソーダと塩素を得るなどに利用されたり，また金属塩類の溶液から金属を析出させる電気分析や，その他金属表面のめっきや，電鋳，電解研磨，電解精錬など広い範囲に応用されている。

[3] ファラデーの電気分解の法則

前述したように，電解液中を電流が流れるのは，電解液中を陽，陰の両イオンの電荷が移動するからである。したがって，電気分解によって，両電極板に析出する物質の量は，イオンが運んだ電気量に比例することになる。これについては，ファラデー（Michael Faraday, 1791～1867, イギリス）が，1833 年に実験結果から，次のような電気分解の法則を発表した。

① 電極に析出する物質の量は，通過した電気量に比例する。
② 同一の電気量ならば，常に同一の化学当量[22]の物質を析出する。

これを**ファラデーの電気分解の法則**という。

したがって，電気分解装置で化学当量 e の物質を電気分解する場合，電流 I〔A〕を t 秒間流したとすれば，電気量 $Q = It$〔C〕であるから，電極板上に析出する物質の量 w〔g〕は，次式で表される。

$$w = keQ = keIt \text{〔g〕} \tag{1·49}$$

ここに，$k =$ 比例定数

式(1·49)中の ke は物質によって決まる定数で，1 C の電気量によって遊離析出される物質の量を示し，これを**電気化学当量**[23]と呼んでいる。この単位には，**グラム毎クーロン〔g/C〕**が用いられる。いま，これを K〔g/C〕とすれば，式(1·49)は，次のようになる。

電気分解によって析出する物質の量　$w = KQ = KIt$〔g〕　　(1·50)

1.4 電気の各種の作用

表 1·6 電気化学当量

元素	記号	原子価	電気化学当量 $\times 10^{-3}$ [g/C]	元素	記号	原子価	電気化学当量 $\times 10^{-3}$ [g/C]
亜　　　鉛	Zn	2	0.3388	水　　　素	H	1	0.010447
アルミニウム	Al	3	0.09316	す　　　ず	Sn	4	0.30753
アンチモン	Sb	3	0.4206	〃	〃	2	0.61507
塩　　　素	Cl	1	0.36745	鉄	Fe	3	0.19288
カドミウム	Cd	2	0.5825	〃	〃	2	0.28933
カルシウム	Ca	2	0.2077	銅	Cu	2	0.3294
金	Au	3	0.6812	〃	〃	1	0.6588
銀	Ag	1	1.1180	ナトリウム	Na	1	0.23832
コバルト	Co	2	0.3054	鉛	Pb	2	1.0737
酸　　　素	O	2	0.082907	ニッケル	Ni	2	0.3041
臭　　　素	Br	1	0.82820	白　　　金	Pt	4	0.50549
水　　　銀	Hg	1	2.0780	〃	〃	2	1.0116
水　　　銀	Hg	2	1.0395	ふ　っ　素	F	1	0.1969
カリウム	K	1	0.40512	よ　う　素	I	1	1.3153

ここに，

$K = ke = $ 電気化学当量

表1·6におもな元素の電気化学当量を示す。

=コメント=

㉒**化学当量** 化学当量は，原子量を原子価で割ったものである。

アボガドロ数　$Na \fallingdotseq 6.02 \times 10^{23}$ mol^{-1}

電気素量　$e \fallingdotseq 1.602 \times 10^{-19}$ C

㉓電子が Na 個集まると原子量 [g] となる。

電気化学当量 $\fallingdotseq \dfrac{原子量}{Na \cdot e}$ の関係がある。

電子が Na 個集まると $Na \cdot e \fallingdotseq 96\,500$ C. これをファラデー定数という。原子価が1なら 96 500 C で原子量 [g] が析出される。原子価が2ならその (1/2) の析出量となる。

（例）銀の原子量：108，原子価：1

∴　銀 Ag の電気化学当量 $\fallingdotseq \dfrac{108}{96\,500} \fallingdotseq 1.12$ g/c

第1章 直流回路

例題2 白金電極を用いて硝酸銀溶液に 0.3 A の電流を流して 15 分間電気分解した。負極に何 g の銀が析出するか。

解答 銀の電気化学当量 K は、表 1·6 から、
$$K = 1.1180 \times 10^{-3} \text{ g/C}$$
であるから、銀の析出量 w 〔g〕は、式 (1·50) から、
$$w = KIt = 1.1180 \times 10^{-3} \times 0.3 \times 15 \times 60 \fallingdotseq 0.302 \text{ g}$$

（**別解**） 銀の原子量：108 が与えられた場合
$$w \fallingdotseq 108 \frac{0.3 \times 15 \times 60}{96\,500} \fallingdotseq 0.302 \text{ g}$$

問2 硝酸銀を電気分解するとき、直流の一定電流を 1 時間流したら、負極に 20 g の銀が付着したという。このときの電流はいくらか。

（答 $I \fallingdotseq 5$ A）

[4] 電池

一般に、電解液中に二種の異なった金属板をもち、その化学エネルギーを電気エネルギーに変換して外に取り出すものを**電池**（battery あるいは cell）という。この電池のうち反応が非可逆的で再生できないものを**一次電池**（primary battery）といい、外部から電気エネルギーを与えると可逆的反応をし、再生できるものを**二次電池**（secondary battery）という。一次電池には乾電池や水銀電池、酸化銀電池などがあり、二次電池には鉛蓄電池やアルカリ蓄電池、リチウムイオン二次電池などがある。

(1) 一次電池 前述のように、水素や金属などは、溶液中に溶けると電子を失って陽イオンになろうとする傾向がある。これを**イオン化傾向**といい、金属の種類によって差がある。金属をイオン化傾向の大きい順に並べると、図 1·55 のよう

大 ←	イオン化傾向	→ 小
K Ca Na Mg Al Zn Fe Ni Sn Pb (H) Cu Hg Ag Pt Au C		

図 1·55 イオン化傾向

になる。

すなわち，亜鉛（Zn），鉄（Fe），ニッケル（Ni）などはイオン化傾向が大きく，反対に銅（Cu），銀（Ag），白金（Pt）などはイオン化傾向が小さい。

図 1・56 のように，イオン化傾向の小さい銅板（Cu）とイオン化傾向の大きい亜鉛板（Zn）を希硫酸（H_2SO_4）溶液の中に対立させておき，これに導線を通して電流計Ⓐと豆電球をつなぐと，イオン化傾向の大きい亜鉛（Zn）は溶液中に亜鉛イオン（Zn^{2+}）となって溶け込んで，亜鉛板に $2e^-$ の電子が残る。この電子は，イオン化傾向の小さい銅板のほうへ導線を通じて移動し，電解液中の水素イオン（H^+）と結合して水素ガス（H_2）となって銅板面上に発生する。

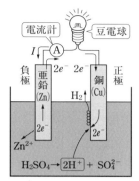

図 1・56 ボルタの電池

この結果，電子を押し出す亜鉛板が負（−）極になり[24]，その電子を受ける銅板が正（＋）極となって，その両電極間には約 1.1 V の電位差を生ずる。このような電池を，ボルタ（Alessandro Volta, 1745〜1827, イタリア）によって発見されたので，**ボルタの電池**と呼んでいる。

ボルタの電池で，実際に電流を流すと正極から水素ガスが盛んに発生し，発生した水素ガスの気泡が正極の銅板の表面を覆ってしまう。これが大きな電気抵抗として働くから，電流が流れ始めてからごく短時間の後には，電流がほとんど流れなくなってしまう。また，正極に付着した水素ガスによってある種の電極が現れ，反抗する起電力となり，電池の起電力を減少させる。このように，電池に電流を流すと正極に水素ガスを生じて起電力が減少する現象を**分極作用**という。

実用化されている電池では，この水素ガスによる分極作用を防止するために，薬品を用いて水素と化合させて水素ガスをなくす方法がとられている。この目的で用いられる薬品を**活物質**（active material）といい，還元剤および酸化剤を用

=コメント=

[24] 電池も電気分解と見たときには，電池の正極が，電気分解としては陰極になっており，負極は陽極になっている。

いる。そして，還元剤を**負極活物質**，酸化剤を**正極活物質**という。

また，電池に使用した電極板の中に不純物を含む場合，例えば，亜鉛極板中に銅，鉛，鉄などの不純物が含まれると，ちょうど電解液の中に二種の金属がおかれた形となり，局部的な電池ができ，亜鉛と不純物間に電解液を通して局部電流が流れて，電極は次第に消耗し，起電力が低下する。このような作用を**局部作**

表 1・7 一次電池の構成と用途

		構　　成		公称電圧〔V〕	用　　途
		正極活物質	電解液	負極活物質	
マンガン乾電池		MnO_2 電解，天然	$ZnCl_2$, NH_4Cl	Zn	1.5	電子機器，懐中電灯，カメラ，玩具用など
アルカリマンガン電池 同ボタン電池		MnO_2 電解	KOH	Zn	1.5	懐中電灯，ストロボ，シェーバなど
酸化銀電池		Ag_2O	KOH あるいは NaOH	Zn	1.55	ボタン電池として腕時計など
水銀電池		HgO	KOH あるいは NaOH	Zn	1.35	補聴器，ワイヤレスマイク，計測器，露出計など
		$HgO + MnO_2$	KOH		1.4	
空気電池		O_2	NH_4Cl, $ZnCl_2$	Zn	1.4	大形は遠隔地，海上などの電源，ボタン形は補聴器など
			KOH			
リチウム電池	MnO_2 系	$MnO_2(\beta)$	炭酸プロピレンなど有機溶媒＋$LiClO_4$	Li	3	電子時計，各種メモリバックアップ用，カメラ，CPU 内蔵の小形電子機器などに用いられる。
	$(CF)_n$ 系	$(CF)_n$	同上，$LiBF_4$ など		3	
	CuO	CuO	同上，ジオキソランなど		1.5	
	$SOCl_2$	$SOCl_2$	$SOCl_2+LiCl+AlCl_3$		3.6	
	固体電解質	I_2	LiI		2.8	
	塩化チオニールリチウム電池	C	$SOCl_2$, LiCl, $AlCl_3$		3.6	メモリバックアップ，長期にわたる高信頼性電源
	超薄形	CF_x	MnO_2		3	IC カードなどの電源

用（local action）という。この局部作用を少なくするために，一般的な方法として，負極にできるだけ純粋なものを用い，また負極に水銀めっきをしたアマルガムをつくり，均質化して用いる。

表1・7に，おもな一次電池の構成と用途を示す。

現在，実用されている一次電池の最も代表的なものはマンガン乾電池である。図1・57にマンガン乾電池の構造を示す。

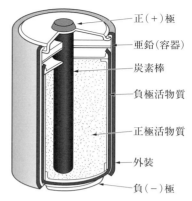

図1・57 マンガン乾電池の構造

(2) 二次電池（蓄電池） 電流を消費して電池の能力を失ったとき，外部の直流電源から電流を電池の起電力と反対方向に流して電気エネルギーを注入することによりくり返し使用できる電池を**二次電池**あるいは**蓄電池**という。ここに，外部から電気エネルギーを注入することを**充電**（charge）[25]するといい，蓄電池から電気エネルギーを取り出すことを**放電**（discharge）[26]するという。

現在，最も多く用いられているものには鉛蓄電池，アルカリ蓄電池とリチウムイオン二次電池がある。表1・8に，二次電池の構成および用途を示す。

(a) **鉛蓄電池** 鉛蓄電池は，電解液として比重1.2～1.3の希硫酸（H_2SO_4）を用い，正極に二酸化鉛（PbO_2），負極に鉛（Pb）を用いた蓄電池である。起電力は，普通2V前後であるが，放電するにつれて，正極，負極とも硫酸鉛に変化して起電力も次第に低下する。すなわち，このときの負極(－)では，Pbの酸化反応（電子を放出する反応）が行われ，

=コメント=

[25] 充電は，このほかに，次のような場合にも使われる。
 ・絶縁された物体やコンデンサに電荷を与えることをいう。
 ・送配電線や電気機器に電圧を加えることをいう。
[26] 放電は，このほかに，次のような場合にも使われる。
 ・コンデンサの電極を導体で結ぶとき，電流が流れて電荷を失うような現象
 ・絶縁物がある条件のもとで，絶縁が破壊して電流を流す現象

第1章 直流回路

表1・8 二次電池の構成と用途

		構成			公称電圧〔V〕	用途
		正極活物質	電解液	負極活物質		
鉛蓄電池	開放形	PbO_2	H_2SO_4	Pb	2	一般予備電源用,非常時電源用,自動車始動・点火・点灯用,電気車用,ポータブル機器用など
	密閉形					
アルカリ蓄電池	ニッケル−カドミウム電池	NiOOH	KOH	Cd	1.2	ポータブル電子機器,医用機器,防災緊急用,非常灯予備電源
リチウムイオン二次	リチウムイオン電池	Li_yCoO_2	Lix FC+DEC	C_6Li_x	4	携帯電話,ノートパソコン,電気自動車など

$$Pb+SO_4^{2-} \longrightarrow PbSO_4+2e^-$$

陽極(+)では,PbO_2の還元反応(電子を受け取る反応)が行われ,

$$PbO_2+4H^++SO_4^{2-}+2e^- \longrightarrow PbSO_4+2H_2O$$

電池の全反応は,これらを加え合わせた反応で,次のようになる。

$$Pb+PbO_2+2H_2SO_4 \longrightarrow 2PbSO_4+2H_2O$$

充電のときは,放電の逆の反応である。

(b) **アルカリ蓄電池** アルカリ蓄電池は,水酸化カリウム(KOH)などの強アルカリの濃厚水溶液を電解液として用いたもので,その代表的なものは,ニッケル−カドミウム蓄電池である。

アルカリ蓄電池は,鉛蓄電池のように鉛を用いないから,軽くてじょうぶで長寿命であり,さらに負荷特性,低温特性がすぐれているのが特長であるが,価格が高いのが欠点である。

(c) **蓄電池の容量** 蓄電池の容量は,十分に充電した電池を放電の終了する限界まで放電した電気量で表し,単位には**アンペア時**(単位記号 A・h)を用いる。例えば,ある蓄電池を2.4Aの一定電流で放電し,10時間で放電の限界に達したとすれば,

$$容量 = 2.4 \times 10 = 24 \text{ A·h}$$

となる。この場合，電流を大きくすると，短い時間で放電の限界に達してしまうので，時間と電流の積は一定ではない。そのため，放電電流の大小を放電の継続時間で表し，これを**放電率**（discharge rate）という。これは，どのくらいの時間内で全容量を放電するかを示すもので，例えば，十分に充電した蓄電池を一定電流で放電して10時間で放電の限界に達したとすれば，これを**10時間放電率**と呼んでいる。一般に，蓄電池では，10時間放電率が標準になっている。

3 その他の作用

その他の作用としては，光のエネルギーを直接電気エネルギーに変換する**太陽電池**（solar cell あるいは solar battery），連続的に供給する燃料と酸化剤との酸化還元作用によって直接電気エネルギーを得る**燃料電池**（fuel cell）などがある。ここでは，その概要を学ぶことにする。

[1] 太陽電池と光電効果

図 1·58 は，p 形半導体と n 形半導体が接合（これを **pn 接合**といい，その境界のところを **pn 接合面**という）されているシリコン太陽電池の原理図である。この半導体に，図のように光が照射されると，pn 接合面に起電力が発生する。このような現象を**光起電力効果**（photovoltaic effect）という。また，光が照射されたとき導電率が増加する，すなわち電気抵抗が降下する。このような現象を**光導電効果**（photoconductive effect）という。この二つの効果を総合して**光電**

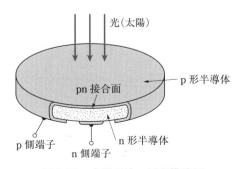

図 1·58 太陽電池の原理構造図

効果（photoelectric effect）と呼んでいる。

太陽電池は，光（太陽）エネルギーを光起電力効果を応用して電気エネルギーに変換するものである。この変換効率を良くするためには，

① p形半導体の層の厚さを薄くして拡散[27]の促進をさせる。
② 受光面積をできる限り大きくする。
③ 電池の内部抵抗を少なくする。

などがあげられる。

[2] 燃料電池と電気化学作用

燃料電池は，従来の電池のように，それ自身のもっている化学的エネルギーを利用するのではなく，前述したように，連続的に電池に供給される燃料と酸化剤との酸化還元作用により電気エネルギーを直接得るものである。図1·59は，燃料として水素，酸化剤として酸素，電解液には水酸化カリウム（KOH）の水溶液を使用した燃料電池の原理図である。

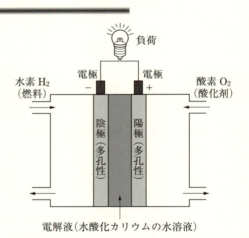

図1·59 水素・酸素形燃料電池の原理図

まず，陰極においては，水素の酸化反応（電子を放出する）を行わせ，一方，陽極においては，酸素の還元反応（電子を受け取る）を行わせれば，電子は陰極から陽極へ流れ，電流はその逆方向に流れることになる。すなわち，電極における反応は，陰極では$H_2 \rightarrow 2H^+ + 2e^-$，陽極では，$H_2O + \frac{1}{2}O_2 +$

=コメント=

[27]**拡散** pn接合面に光が照射されると，キャリヤの増加によって，キャリヤの密度が平均するように，キャリヤの移動が起こる。この現象を**拡散**（diffusion）という。

$2e^- \rightarrow 2OH^-$ で表され，電池自身は $2H_2+O_2 \rightarrow 2H_2O$ の反応が行われる。したがって，生成した水を適当な方法で取り除けば，原理的には電池自身変化を受けないことになる。

　燃料電池は，電気化学的に化学エネルギーを直接電気エネルギーに変換するので，一般の火力発電のような燃焼熱を利用して熱機関を動かして発電する方式に比べて，原理的には燃料のもっているエネルギーをより有効に電力に変換できる特長をもっている。また，硫黄酸化物や窒素酸化物などの発生がなく，騒音，振動もない。したがって，現在，火力発電に代わるクリーンな電力源として実用化されている。また，多量の冷却水を利用する必要もないので，設置場所の制約を受けにくく，都市部などの需要地に密着した形で設置できる利点をもっている。したがって，都市ガスやLPガスからの水素 H_2 と空気中の酸素 O_2 を用いる燃料電池は，都市部における分散型のポータブル電源として実用化されている。

復習問題　第1章

――――――――― 基 本 問 題 ―――――――――

1. 3秒間に27クーロンの電気量が導体の断面を一様な割合で通過したとき，電流は何アンペアか。
2. ある導体中を30分間，3Aの電流を流したとすれば，何クーロンの電気量に相当するか。
3. 抵抗500Ωの抵抗器に，100Vの電圧を加えたら，何アンペアの電流が流れるか。
4. 3.5Sのコンダクタンスに20Vの電圧を加えたとき，電流はいくらか。
5. 20kΩの抵抗に2mAの電流を流したら，抵抗の両端には何ボルトの電圧が現れるか。
6. 図1・60のように，2, 6, 6, 4Ωの抵抗を接続して，50Vの電圧を加えたとき，各抵抗に流れる電流はいくらか。

第1章 直流回路

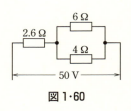

図 1·60

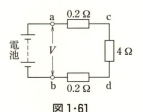

図 1·61

7. 起電力 24 V, 内部抵抗 $0.4\,\Omega$ の電池から, 図 1·61 のように, $0.2\,\Omega$ の 2 本の導体を通じて $4\,\Omega$ の負荷に電流を供給するとき, ab 間および cd 間の電圧はいくらか.

8. 図 1·62 に示すようなブリッジ回路で, スイッチ K を閉じても開いても, 電流計 Ⓐ は 15 mA を示すという. (1) R の値を求めよ. (2) 電池 E から見た合成抵抗 R_{ab} の値を求めよ. (3) 抵抗 R 中で消費される電力 P の値を求めよ.

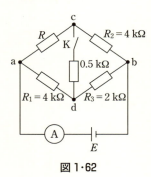

図 1·62

9. $1.12\,\mu\Omega\cdot\mathrm{cm}$ の抵抗率を $\Omega\cdot\mathrm{m}$ の単位で表せ.

10. パーセント導電率が 61 % の硬アルミニウム線の抵抗率はいくらか.

11. 100 V, 500 W の電熱線 2 本を, 同一電圧で, 直列に用いたときと, 並列に用いたときの電力はそれぞれいくらか.

発 展 問 題

1. 図 1·63 のような直並列回路に 200 V の電圧を加えたとき, $40\,\Omega$ に流れる電流 I_1〔A〕はいくらか.

2. ある電池から 2 A の電流を流したときには, その端子電圧が 1.4 V になり, また 3 A の電流を流したときには, 1.1 V になるという. この電池の起電力および内部抵抗はいくらか.

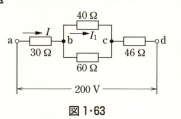

図 1·63

3. 起電力 2 V の等しい電池 6 個を直列にしたものを 5 組並列に接続して, $7.82\,\Omega$ の外部抵抗をつないだところ, これに 1.5 A の電流が流れた. 電池の内部抵抗はいくらか.

4. 図 1·64 のような直流回路において，各抵抗 R_1, R_2, R_3 を流れる電流はいくらか。ただし，電池の内部抵抗は無視し，$E_1 = 6\,\text{V}$, $E_2 = 4\,\text{V}$, $E_3 = 2\,\text{V}$, $R_1 = 10\,\Omega$, $R_2 = 2\,\Omega$, $R_3 = 5\,\Omega$ とする。

図 1·64

5. 抵抗 r の針金 12 本を図 1·65 のような網目状に接続するとき，ab 間の合成抵抗を求めよ。

〔ヒント〕仮に，ab 間に電圧を加えた場合，点 c, d, e は同電位であるから，これを接続し，その電線の長さを 0 に縮めて考える。

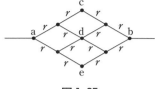

図 1·65

6. 100 V で 500 W を消費する電気アイロンがある。いま，電圧が 105 V のときに使用したとしたら，電力は何ワットとなるか。

7. 直列に接続された 100 V 用 100 W, 200 W の電球がある。これに 90 V の電圧を加えたとき，それぞれの電球の電力は何ワットになるか。ただし，電球の抵抗は一定の値とする。

8. 抵抗率 108 μΩ·cm のニクロム線がある。直径 0.5 mm の太さのもので 20 Ω の抵抗を得るには何メートルあればよいか。

9. 図 1·66 は，ある導体の抵抗の温度特性で直線変化を示す。温度 20 ℃ のとき，抵抗が $R_{20} = 10\,\Omega$，温度係数 $\alpha_{20} = 0.00393$ であった。温度が 75 ℃ となったときの抵抗 R_{75} および温度係数 α_{75} を求めよ。また，0 ℃ のときの抵抗 R_0 と温度係数 α_0 を求めよ。

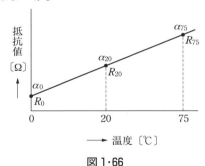

図 1·66

10. ある発電機の巻線抵抗を使用前 20 ℃ のとき測ったら 0.64 Ω であった。この発電機を全負荷運転して数時間の後運転を止め，すぐ巻線抵抗を測ったら，0.72 Ω になっていた。巻線の温度および温度上昇を求めよ。

11. ある電動機の出力が 3.7 kW のときの効率が 85 ％ である。このときの入力および損失を求めよ。

第1章　直流回路

──── チャレンジ問題 ────

1. 二つの抵抗 R_1 および R_2 がある。この両者を直列に接続すれば，合成抵抗は 25 Ω となり，またこれを並列に接続すれば，その合成抵抗は 6 Ω となる。R_1 および R_2 の抵抗値はそれぞれいくらか。

2. 図 1・67 のような抵抗の直並列回路に，100 V の電圧を加えたときの全電流および 10 Ω と 20 Ω に流れる電流を求めよ。

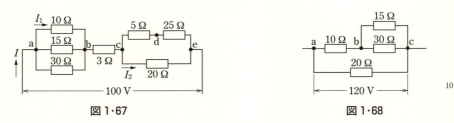

図 1・67　　　　　　　　図 1・68

3. 図 1・68 に示すような直並列回路に 120 V の電圧を加えたら，各部の電流はどうなるか。また，合成抵抗はいくらか。

4. 図 1・69 のような直流回路がある。端子電圧 V 〔V〕を一定とし，スイッチ S を閉じた場合の電流 I 〔A〕が閉じない前の電流の 2 倍となるような抵抗 r_2 は何オームか。

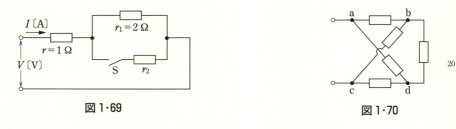

図 1・69　　　　　　　　図 1・70

5. 図 1・70 のような五つの抵抗からできている回路がある。抵抗 $\overline{ab} = \overline{bc} = 5$ Ω，抵抗 $\overline{ad} = \overline{dc} = 10$ Ω，抵抗 $\overline{bd} = 5$ Ω のとき，

    (a) この回路の合成抵抗を求めよ。

    (b) $\overline{ab}$ を流れる電流が 10 A のとき電源の電圧・電流および各枝路の電流はいくらか。

6. 図 1・71 のような直流回路において，開閉器 K を開いたまま可変抵抗を R_1 〔Ω〕としたとき，検流計 G は α だけ振れた。次に，K を閉じて検流計と

抵抗 S〔Ω〕とを並列とし，可変抵抗を R_2〔Ω〕としたとき，検流計は同じく α を示した。検流計の内部抵抗は何オームか。ただし，電池の内部抵抗は無視する。

7. 図 1·72 の回路において，$V_1 = 110\,\text{V}$，$V_2 = 120\,\text{V}$，$R_1 = 1\,\Omega$，$R_2 = 2\,\Omega$ である。
   (a) 負荷抵抗 R_3 が接続されていないときの ab 間の電圧はいくらか。
   (b) 負荷抵抗 $R_3 = 5\,\Omega$ が接続されているときの ab 間の電圧はいくらか。

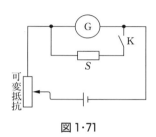

図 1·71

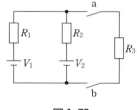

図 1·72

8. 直径 $0.5\,\text{mm}$，長さ $0.5\,\text{m}$ のタングステン線は $0\,℃$ では何オームか。ただし，タングステンの抵抗率を $20\,℃$ で $5.5\,\mu\Omega\cdot\text{cm}$，温度係数を $20\,℃$ で 5.3×10^{-3} とする。

9. $1\,\text{kW}$ の投込電熱器を用いて，$10\,\text{L}$ の水を $10\sim60\,℃$ に上昇させるのに何分を要するか。ただし，熱の損失を $5\,\%$ とする。

10. $100\,\text{V}$ の電源につなぐと $400\,\text{W}$ 消費する抵抗線がある。この抵抗線を $200\,\text{V}$ の電源に 7 時間つないでおいたら，消費電力量は何 $\text{kW}\cdot\text{h}$ か。

11. 一定抵抗 r_0 に並列に可変抵抗 r が図 1·73 のように接続された回路がある。いま，全電流 i_0 を一定に保つとすれば，可変抵抗 r がどのような値のとき r に消費される電力が最大となるか。また，そのときの電力の値を示せ。

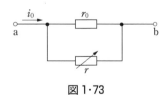

図 1·73

第2章 電流と磁気

磁石が鉄片を吸いつけたり，また，鉄心にコイルを巻き，それに電流を流すと，その鉄心は磁化され，鉄片を吸いつける。あるいはまた，磁針が南北を指す。

このように，私たちの身のまわりでも，種々の磁気現象を見ることができる。

そこで本章では，この電流と磁気の作用について学習する。

エルステッド（H.C. Oersted, 1777～1851）

2.1 磁界の強さと磁束密度

1 磁石の性質と磁気誘導

[1] 磁石の性質

磁石（magnet）は鉄を吸引したり，磁石どうしでは，吸引または反発したり，また棒状の磁石を重心で自由に回転できるように支えると，地球上では南北を指すという性質がある。

一般に，磁気的に吸引したり反発したりする力を**磁気力**といい，磁気力を生じるもとになるものを**磁気**（magnetism）という。また，磁気によって起こるいろいろな作用を**磁気作用**（magnetic action）といい，鉄などの物質を磁石にすることを**磁化**（magnetization）という。

磁石には特によく鉄を吸引する部分があり，この部分を**磁極**（magnetic pole）と呼んでいる。棒磁石やU字形磁石では，磁石の両端の部分が磁極になっている。磁石で両磁極を結ぶ中心線を**磁軸**（magnetic axis）という。

棒磁石を重心で自由に回転できるように支えると南北を指すが，このとき北を

指す磁極と南を指す磁極は決まっている。そこで，北を指す磁極を **N 極**（N pole），南を指す磁極を **S 極**（S pole）と名づける。また，同じ強さの N 極と S 極を一緒にすると極の作用がなくなることから，N 極を **正（＋）極**，S 極を **負（－）極** とも表す。磁石

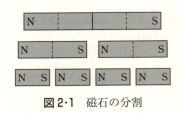

図 2・1　磁石の分割

は N 極と S 極が必ず対になっていて，例えば，棒磁石を半分に切っても，図 2・1 のように，その切口には新たに N 極と S 極ができる。

N 極，S 極のはっきりわかっている磁石を用いて実験してみると，同種の磁極（N 極と N 極，あるいは S 極と S 極）どうしでは互いに反発し，異種の極（N 極と S 極）どうしでは互いに吸引しあうという性質があることがわかる。

[2]　磁気誘導

図 2・2 のように，鉄片を磁石の極に近づけると，鉄片の，磁極に近い部分には，近づいた極と異なる極が，遠い部分には，近づいた極と同じ極が生じるように磁化される。このため鉄と磁石との間に吸引力が働く。このように鉄片が磁石などによって磁化されることを **磁気誘導**（magnetic induction）という。

鉄やニッケルのように，磁気誘導により強く磁化される物質を **強磁性体**（ferromagnetic material）あるいは単に **磁性体** といい，銅やアルミニウムのように，磁石に近づいてもほとんど磁化されない物質を **非磁性体**（non-magnetic substance）と呼んでいる。この非磁性体は，さらに **常磁性体** と **反磁性体**（逆磁性体）に分けられる。常磁性体は，強磁性体のときと同じように，磁石を近づけると吸引力が働くが，その力はごくわずかで，普通には磁化されないようにみえるものである。アルミニウム，白金，すずなどがこれにあたる。

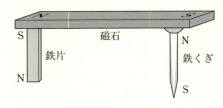

図 2・2　磁気誘導

反磁性体は，磁石を近づけると，反発力が働くが，その力はごくわずかで，普通には磁化されないようにみえる。銅，亜鉛，ビスマスなどがこれにあたる。

[3] 物質の磁性

磁性体に磁石を近づけると，なぜ磁化されるかということについては，ウェーバー (Wilhelm Eduard Weber, 1804～1891, ドイツ) によって唱えられた**分子磁石説**がある。これによると，強磁性体は，非常に小さい分子磁石から成り立っているが，普通の状態では，図2·3(a)のように，分子磁石がばらばらの方向を向いているので，N，Sの磁極の作用は互いに打ち消し合い，外部には磁気作用を及ぼさない。これに磁石を近づけると，分子磁石は，磁気力を受け，その力の方向に並ぼうとするが，分子磁石間に摩擦があるのでいっせいには整列せず，加える磁気力が増すにつれて図(b)のように整列する分子磁石が多くなり，ついには図(c)のように全部の分子磁石が整列するようになる。この場合，中間にある相対する分子磁石のn，s極は互いに打ち消され，両端のみにN，Sの磁極が現れる。

また，この状態から外部の磁石を取り除くと，分子磁石はもとのばらばらの状態に戻ろうとするが，一部の分子磁石は摩擦のためもとに戻れず両端にN，S極が残る。これを**残留磁気**といい，永久磁石はこれを利用したものである。

以上の分子磁石説に対し，現在では，物質の磁気は電流の磁気作用によって説

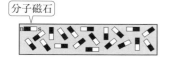

(a) 強磁性体の普通の状態　　　　(b) 磁石を近づけた状態

(c) 分子磁石が配列して両端に
　　N，Sの磁極が現れる

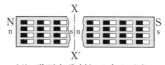

(d) 磁石を分割してもやはり
　　磁石である

図 2·3　分子磁石

明されている。すなわち，物質を構成している分子や原子は原子核と電子から成り立っている。負の電気をもった電子は，原子核のまわりを回ると同時に，電子自身自転している（これを**スピン**という）と考えられている。これらの電子の運動は，電流が流れていることになり，後述するように，電流の流れによって磁気作用が生じるが，一般の物質では，互いに逆方向に運動している電子の作る磁気作用が打ち消しあっているために，磁性が現れない。強磁性体では，特にスピンによる磁気作用が打ち消されずに残り，**磁区**（magnetic domain）と呼ばれる小さい領域内では，磁気作用の向きが揃って小さな磁石になっている。このことから，強磁性体の磁化を簡単に説明する場合には，磁区を前の分子磁石に置き換え，分子磁石説を用いてもさしつかえない。

2　磁極の強さと磁気力

　磁石には，強い磁石，弱い磁石といろいろあるが，これは磁極に強弱があると考えられる。この磁極の強弱を**磁極の強さ**（strength of magnetic pole）といい，記号 m で表す。また，磁極の強さの単位には，**ウェーバ**（weber，単位記号 Wb）を用いる。

　磁極が，一つの点とみなせる場合，すなわち大きさのある磁極から遠く離れてみたとき，これを**点磁極**[①]という。二つの点磁極の間に働く磁気力については，クーロン（Charles-Augustin de Coulomb，1736～1806，フランス）によって，実験の結果，次のことが確かめられている。

　磁気力の方向は，両磁極を結ぶ直線上にあり，その大きさは，それぞれの磁極の強さの積に比例し，両磁極間の距離の2乗に反比例する。

　これを**磁気力に関するクーロンの法則**（Coulomb's law）という。いま，図2・4のように，磁気力の大きさを F〔N〕，二つの磁極の強さをそれぞれ m_1，m_2〔Wb〕，両磁極間の距離を r〔m〕とし，比例定数を k とすれば，クーロンの法則は，次のように表すことができる。

=================コメント

①**点磁極**　1個の点磁極というのは存在しない。しかし，非常に長い細い棒磁石の一方の端と考えればよい。

2.1 磁界の強さと磁束密度

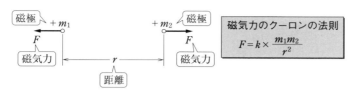

図 2·4　磁気力に関するクーロンの法則

> **クーロンの法則**　$F = k \times \dfrac{m_1 m_2}{r^2}$ 〔N〕

　また，磁極の強さに正負（N極を正，S極を負）をつけておけば，磁気力 F の値が正のときは反発力，負のときは吸引力を表す。

　比例定数 k は，磁極の置かれている周囲が真空か，あるいは，どんな物質であるかの違いにより定まる定数で，真空のとき（空気中でもほとんど同じ）の k の値は，ほぼ 6.33×10^4〔N·m^2/Wb^2〕である。

　また，この k の値を，後で学ぶ透磁率（物質の磁気的性質を示す定数の一つで，ギリシア文字の μ（ミューと読む）で表す）を用いて表すと，

$$k = \dfrac{1}{4\pi\mu}\,\text{〔N·m}^2\text{/Wb}^2\text{〕}$$

となる。真空（近似的には空気も同じ）の透磁率は，μ_0 で表し，その値は $\mu_0 = 4\pi \times 10^{-7}$〔H/m〕である。したがって，クーロンの法則は，一般的には，

$$F = \dfrac{1}{4\pi\mu} \times \dfrac{m_1 m_2}{r^2}\,\text{〔N〕} \tag{2·1}$$

となり，真空中では，

$$F = \dfrac{1}{4\pi\mu_0} \times \dfrac{m_1 m_2}{r^2} = \dfrac{1}{4\pi \times 4\pi \times 10^{-7}} \times \dfrac{m_1 m_2}{r^2}$$

$$= 6.33 \times 10^4 \times \dfrac{m_1 m_2}{r^2}\,\text{〔N〕} \tag{2·2}$$

となる。また，後述するその物質の比透磁率 $\mu_r = \mu/\mu_0$ を用いれば，次式のようになる。

$$F = \dfrac{1}{4\pi\mu} \times \dfrac{m_1 m_2}{r^2} = 6.33 \times 10^4 \times \dfrac{m_1 m_2}{\mu_r r^2}\,\text{〔N〕} \tag{2·3}$$

第2章 電流と磁気

例題1 真空中に 5×10^{-4} Wb と -3×10^{-3} Wb の点磁極を 5 cm 離して置いたとき，生ずる磁気力はいくらか．

解答 まず，点磁極間の距離 r が 5 cm であるから，これをメートルの単位に置き換えると，$r = 5\times 10^{-2}$ m となる．

したがって，磁気力 F は，式 (2·2) から，

$$F = 6.33\times 10^4 \times \frac{5\times 10^{-4}\times (-3)\times 10^{-3}}{(5\times 10^{-2})^2}$$

$$= 6.33\times 10 \times \frac{-3}{5} = -37.98 \text{ N}$$

すなわち，37.98 N の吸引力となる．

3 磁界と磁界の強さ

[1] 磁界と磁界の強さ

磁気的な作用が及んでいる空間，すなわちその場所に磁極を置いたとき，それに磁気力が作用する空間を**磁界** (magnetic field) または**磁場**という．これは，地球の重力の及んでいる場所を「地球の重力場」というのに相当する．

ある磁極の近くに，他の磁極をもってくると，この磁極には磁気力が作用する．このことは，磁極のまわりには，磁界が生じているということができる．また，この磁気力は，大きさや方向が場所によって異なることから，磁界にも大きさと方向があることがわかる．この大きさと方向をもったものを**磁界の強さ**[2] (magnetic field strength) といい，次のように定められている．

磁界中に単位の正磁極 (+1Wb) を置いたとき，これに作用する磁気力の大きさを [N] で表したものをその点の磁界の大きさとし，その力の方向を磁界の方向と定める．

したがって，磁界の強さは，大きさと方向をもったベクトル量である．

磁界の強さは記号 H を用い，単位は 1 Wb 当たりの力 [N] であるから，

=コメント=

[2] **磁界の強さ** 単に磁界という場合もある．また，磁界の強さと磁界の大きさを特に区別せず，特別の場合を除き簡単に磁界の強さということにする．

ニュートン毎ウェーバ〔N/Wb〕となるわけであるが，これと等しい内容になる**アンペア毎メートル**（ampere per meter，単位記号 A/m）[3] を用いる。

以上のことから，逆に **1 Wb の磁極とは，1 A/m の磁界中に置いたとき 1 N の力を受けるような磁極**ということである。

また，磁界の強さ H〔A/m〕の磁界中に m〔Wb〕の磁極を置くと，これに働く力 F〔N〕は，次のようになる。

磁界中の磁極に加わる力　　$F = mH$〔N〕　　　　　　　　　　　　　　(2・4)

この式は磁界の強さ H を定義する式として重要である。

[2] 磁力線

すでに述べたように，磁極のまわりには，磁界が生じているが，これは直接目でみることはできない。我々人間は，視覚を通して，形としてみたほうがなにかと理解しやすい。いま，図2・5のように，磁石の上に厚紙を置き，その上に鉄粉を一様に散布し，厚紙の一端を軽くたたくと，鉄粉が磁極の間を，何本もの線状に配列された模様が見られる。

そこで，磁界には，この鉄粉の描いたと相似の形をもった仮想の線が通っているものと考え，これによっていろいろな磁気現象を説明することにすると理解しやすくなる。このようにして考えられた線を**磁力線**（line of magnetic force）という。

この磁力線には，N極からS極に向かう方向をもち，同方向の磁力線どうしは反発し，反対方向の磁力線どうしは引き合い，磁力線どうしは交差しない性質

=コメント=

[3]〔N/Wb〕→〔A/m〕　後述する式(2・32)から，

$$[V] = \left[\frac{Wb}{s}\right] \quad \therefore \quad [Wb] = [V \cdot s]$$

すなわち，〔Wb〕という単位は〔V・s〕と同じである。
したがって，

$$\left[\frac{N}{Wb}\right] = \left[\frac{N \cdot m}{Wb \cdot m}\right] = \left[\frac{J}{V \cdot s \cdot m}\right] = \left[\frac{V \cdot A \cdot s}{V \cdot s \cdot m}\right] = \left[\frac{A}{m}\right]$$

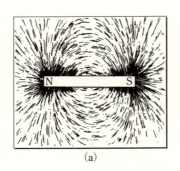
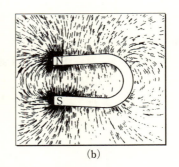

(a)　　　　　　　　　　　　(b)

図 2・5　磁石のまわりの鉄粉の模様

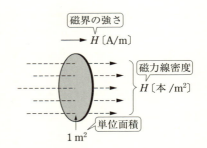

図 2・6　磁界の強さと磁力線密度

をもっている。また，磁力線自身は，引っ張ったゴムひものように縮まろうとする性質がある。このように考えると磁気力の現象が説明できる。

また，磁力線のある点の接線の方向が，その点の磁界の方向を表し，磁力線に垂直な面の**磁力線密度**がその点の磁界の大きさを表すとすれば，磁力線によって磁界の強さを表すこともできる。すなわち，面積 S〔m²〕の面に垂直に N 本の磁力線が通っていると，その場所の磁界の大きさ H は，$H = N/S$〔A/m〕となる。あるいは逆に，図 2・6 のように，H〔A/m〕の磁界では，磁界に垂直な面の単位面積（1 m²）当たり H〔本〕の磁力線が，磁界の方向に通っている，ということができる。

図 2・7 は，磁石のまわりの磁力線の模様を示した一例である。

[3] 点磁極による磁界

磁界の定義に従って点磁極のまわりの空間の磁界を求めてみよう。

まず，図 2・8 のように，真空中または空気中に置かれた磁極の強さ m〔Wb〕の点磁極から r〔m〕離れた点 P の磁界の強さを求めてみる。点 P の磁界の強さは，定義から，点 P に +1 Wb の磁極を置いたときに働く力であるから，これは

2.1 磁界の強さと磁束密度

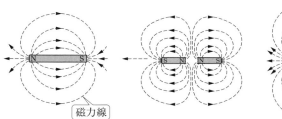

(a) 1個の棒磁石の場合　　(b) 同じN極とN極を向かい合わせた場合　　(c) 異なった極の場合

図 2·7　磁力線

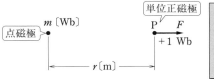

図 2·8　点磁極による磁界

m〔Wb〕と 1 Wb の二つの点磁極の間に働く力となり，クーロンの法則から，

$$F = \frac{1}{4\pi\mu_0} \times \frac{m \times 1}{r^2} = \frac{m}{4\pi\mu_0 r^2} \ \text{〔N〕}$$

したがって，点 P の磁界の強さ H〔A/m〕は，式(2·4)で $m = 1$ と置いて，$F = H$ から，次のようになる。

点 P の磁界の強さ　$H = \dfrac{m}{4\pi\mu_0 r^2}$ 〔A/m〕　　　　　　　　　(2·5)

また，これらが透磁率 μ あるいは比透磁率 μ_r の物質中に置かれている場合は，次式のようになる。

$$H = \frac{m}{4\pi\mu r^2} = \frac{m}{4\pi\mu_0 \mu_r r^2} \ \text{〔A/m〕} \tag{2·6}$$

なお，複数個の磁極が置かれているとき，それらの磁極による，ある点の合成

第2章 電流と磁気

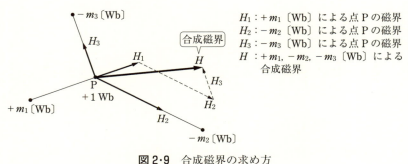

図2・9 合成磁界の求め方

磁界の大きさと方向を求めるには，それぞれの磁極が単独にあるとして，それぞれの磁極による磁界のベクトル（ベクトルについては，第4章4・4節で学ぶ）を求め，それらのベクトルを合成すればよい。

図2・9は，$+m_1$，$-m_2$，$-m_3$〔Wb〕の三つの磁極によって点Pにできる合成磁界の求め方を示したものである。

[4] 磁極から出る磁力線の数

$+m$〔Wb〕の点磁極が真空中に置かれているとき，この磁極から出ている磁力線の総数を求めてみよう。

点磁極から磁力線は，放射状に平等に出ている。いま，図2・10のように，$+m$〔Wb〕の点磁極を中心に，半径r〔m〕の球面を考えると，この球面上の

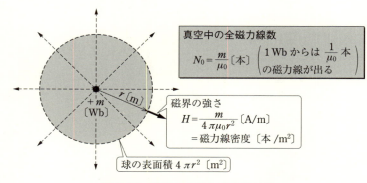

図2・10 磁極から出る磁力線の数

磁界の強さ H 〔A/m〕は，どの点でも同じで，

$$H = \frac{m}{4\pi\mu_0 r^2} \text{〔A/m〕}$$

となる．点磁極から出た磁力線は，すべてこの球面を通過し，その磁力線密度が磁界の強さ H と等しいのであるから，球面上の磁力線密度は，

$$\text{磁力線密度} = \frac{m}{4\pi\mu_0 r^2} \text{〔本/m}^2\text{〕}$$

となる．したがって，球面全体の磁力線数 N_0 〔本〕は，この磁力線密度に球の表面積 $4\pi r^2$ 〔m^2〕 をかけたものであるから，

真空中の磁極から出る全磁力線数 $\quad N_0 = \dfrac{m}{4\pi\mu_0 r^2} \times 4\pi r^2 = \dfrac{m}{\mu_0}$ 〔本〕 (2・7)

となる．もし，磁極が $-m$ 〔Wb〕（S極）であれば，逆に N_0 〔本〕の磁力線が入ってくることになる．

なお，磁極が透磁率 μ あるいは比透磁率 μ_r の物質中に置かれた場合には，式 (2・7) の μ_0 の替わりに，μ あるいは $\mu_0\mu_r$ と置き換えればよい．すなわち，$+m$ 〔Wb〕の磁極からは $m/\mu = m/\mu_0\mu_r$ 〔本〕の磁力線がでることになる．

例題2 ある磁界中に 0.1×10^{-6} Wb の点磁極を置いたら 5×10^{-4} N の磁気力を受けたという．磁界の強さはいくらか．

解答 求める磁界の強さを H 〔A/m〕とすれば，式(2・4)から，

$$H = \frac{F}{m} = \frac{5 \times 10^{-4}}{0.1 \times 10^{-6}} = 5 \times 10^3 \text{ A/m}$$

例題3 真空中に 4×10^{-3} Wb の点磁極が置かれている．この点磁極から 20 cm 離れた点の磁界の強さはいくらか．

解答 求める磁界の強さを H 〔A/m〕とすれば，式(2・5)から，

$$H = \frac{1}{4\pi\mu_0} \times \frac{m}{r^2} = 6.33 \times 10^4 \times \frac{4 \times 10^{-3}}{(20 \times 10^{-2})^2} = 6.33 \times 10^3 \text{ A/m}$$

第2章 電流と磁気

例題 4 磁極の強さがそれぞれ $+m$ [Wb], $-m$ [Wb] の棒磁石がある。両磁極からの距離が等しい点の磁界の方向を示せ。

解答 図2·11のように,両磁極から等距離の点Pは,磁軸の垂直2等分線上にある。

磁極の強さ $+m$ [Wb] のN極が点Pに及ぼす磁界 H_1 と磁極の強さ $-m$ [Wb] のS極が点Pに及ぼす磁界 H_2 とは,大きさが等しく,方向はそれぞれ反発,吸引の関係であるから,図のようになる。したがって,H_1 と H_2 の合成磁界 H は,磁軸に平行な方向となる。

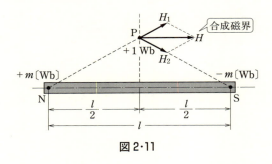

図2·11

問1 $3×10^{-3}$ Wb と $-2×10^{-3}$ Wb の点磁極を 20 cm 離して真空中に置いたとき生じる磁気力は何ニュートンか。

(答 9.495 N の吸引力)

問2 ある磁界中の1点に $1.5×10^{-3}$ Wb の磁極を置いたところ,磁極に3Nの磁気力が作用するという。その点の磁界の強さはいくらか。

(答 $2×10^3$ A/m)

[5] 磁界中に置かれた磁石に作用するトルク

磁界の強さがどこでも等しい**平等磁界**(uniform magnetic field)内に磁石を置いたとき,磁石にどのような力が作用するかを考えてみよう。

磁石は,磁極の強さの絶対値が同じN極とS極が対になって存在している。したがって,N極には磁界と同じ方向,S極には磁界と反対方向の同じ大きさの

2.1 磁界の強さと磁束密度

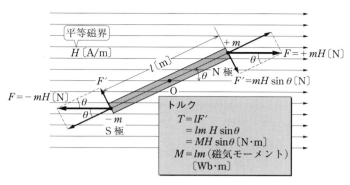

図 2・12 磁界中に置かれた磁石に作用するトルク

力が作用している。

図 2・12 に示すように,磁界の強さ H〔A/m〕の平等磁界中に,長さ l〔m〕,両端の磁極の強さ $+m$〔Wb〕および $-m$〔Wb〕の磁石を中心 O で支えて,磁軸と磁界とのなす角が θ になるように置いたとする。

N,S 極に作用する力は同じ大きさで反対方向なので,磁石には O を中心として回転力(トルク)が生じる。腕の長さ l〔m〕,腕に直角な方向の力の成分を F'〔N〕とすれば,

$$F' = F \sin \theta = mH \sin \theta \ \text{〔N〕}$$

となる。トルク T〔N・m〕は,

$$T = lF' \ \text{〔N・m〕}$$

で表されるから,この磁石に作用するトルク T〔N・m〕は,

$$T = lmH \sin \theta \ \text{〔N・m〕} \tag{2・8}$$

となる。ここで,$M = lm$ と置けば,次のようになる。

磁界中に置かれた磁石に作用するトルク $\quad T = MH \sin \theta \ \text{〔N・m〕} \tag{2・9}$

この M は,磁石の磁極の強さ m と磁極間の長さ l の積で,その磁石特有の値である。したがって,M をこの磁石の**磁気モーメント**(magnetic moment)と呼んでいる。

この磁石の中心 O を回転できるようにして支えると,磁石はトルクによって

回転する。そして，磁軸と磁界の方向が一致すると $\theta = 0$ となり，$lmH \sin\theta = lmH \sin 0 = 0$ で，トルクがなくなり，この位置で止まる。トルクの値は角 θ で変化するが，$\theta = 90°$ のとき最大となり，その値は lmH〔N·m〕である。

[6] 地球の磁界

　地球上では，磁針がほぼ南北を指して静止する。これは，図 2·13(a) のように，地球が一つの大きな磁石になっていて，地球の地理学上の北極の近くに地球磁石の S 極が，地理学上の南極の近くに地球磁石の N 極があるためである。そして，地球上ではこの磁界中にあり，小さい磁針の置かれている範囲内では平等磁界とみなせるため，磁針は磁軸が磁界の方向と一致する位置に向く。

　磁針の重心を自由に回転できるように支えると，北半球では，磁針の N 極は北を指すと同時に下のほうに，また南半球では S 極が下のほうに傾く。地球上のある地点で，磁針の指す北と地理学上の北との差の角をその地点の**偏角**（**方位角**），その地点の地球磁界の方向が水平線となす角を**伏角**，地球磁界の水平方向の分力をその地点の地球磁気の**水平分力**という。また，これらの偏角，伏角，水平分力を**地磁気の三要素**と呼んでいる。図(b)は，伏角，水平分力を示したものである。

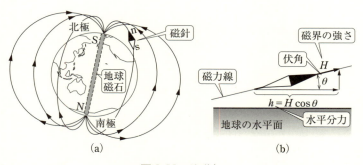

図 2·13　地磁気

4　磁束・磁束密度

[1]　磁束・磁束密度

　すでに学んだように，磁界の様子や磁気現象を説明するのに磁力線を考え，

2.1 磁界の強さと磁束密度

$+m$〔Wb〕の磁極から出る全磁力線数は，真空中では m/μ_0〔本〕であった。したがって，同じ強さの磁極でも，それが置かれている場所の透磁率 μ により出入りする磁力線の数は異なることになる。そこで，まわりの透磁率に関係なく，決まった強さの磁極からは決まった数の磁気的な線が出入りするものと考え，このような線を**磁束**（magnetic flux）と呼び，記号 $\varPhi$ で表す。単位としては磁極と同じウェーバ（Wb）を用いる。すなわち，$+m$〔Wb〕の磁極からは m〔Wb〕の磁束が出るものとする。そして，図 2·14(b) に示すように，磁極の強さ $+m$〔Wb〕の磁石では，外部の媒質に関係なく，m〔Wb〕の磁束が N 極から出て S 極に入り，さらに磁石の内部では S 極から N 極にもどって環状につながっている。また，磁石の外部の磁束の模様は，磁力線の模様と相似であり，その定性的な性質も磁力線の性質と同様である。

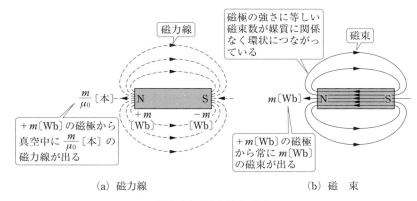

図 2·14　磁力線と磁束

磁束に垂直な面の単位面積（1 m²）当たりの磁束数を**磁束密度**（magnetic flux density）といい，記号 B で表し，単位としては**テスラ**（tesla，単位記号 T）を用いる。

磁束 1〔束〕は，$\left(\dfrac{1}{\mu}\right)$〔本〕の磁力線を束ねたものと考えるとよい。

例題 5　断面積 3 cm² のところを垂直に 3.6×10^{-4} Wb の磁束が通るとき，磁

束密度はいくらか。

解答 　磁束密度 B 〔T〕は，単位面積当たりの磁束数であるから，
$$B = \frac{3.6 \times 10^{-4}}{3 \times 10^{-4}} = 1.2 \text{ T}$$

[2] 磁界の強さと磁束密度の関係

磁界の強さ H 〔A/m〕と磁束密度 B 〔T〕との関係を調べてみよう。

図 2・15 のように，透磁率 μ の媒質中に置かれた $+m$ 〔Wb〕の点磁極から r 〔m〕離れた点について考えてみる。この点の磁界の強さ H 〔A/m〕は，式(2・6)から，
$$H = \frac{m}{4\pi\mu r^2} = \frac{m}{4\pi r^2} \times \frac{1}{\mu} \text{ 〔A/m〕} \tag{2・10}$$

となる。また，この点の磁束密度 B 〔T〕は，全磁束 m 〔Wb〕が半径 r 〔m〕の球面上に一様に分布していることから，全磁束を表面積で割って求められる。すなわち，球面の表面積は $4\pi r^2$ であるから，
$$B = \frac{m}{4\pi r^2} \text{ 〔T〕} \tag{2・11}$$

となる。式(2・11)を式(2・10)に代入すると，次の関係が得られる。

| 磁界の強さと磁束密度の関係 | $H = B \times \dfrac{1}{\mu}$ あるいは $B = \mu H$ | (2・12) |

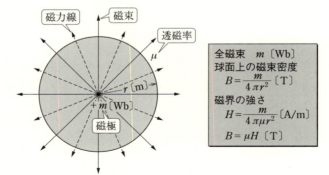

図2・15　磁界の強さと磁束密度

また，磁極が真空中あるいは空気中に置かれていれば，
$$B = \mu_0 H \tag{2·13}$$
となる。この式 $B = \mu H$ は，磁束 1〔束〕は磁力線（$1/\mu$）〔本〕を束ねたものであると定義した重要な式である。

例題 6 磁界の強さが 1 000 A/m のとき，空気中および比透磁率 900 の鉄の磁束密度を求めよ。

解答 まず，空気中の場合は，式 (2·13) から，
$$B = \mu_0 H = 4\pi \times 10^{-7} \times 1\,000 = 1.256 \times 10^{-3} \text{ T}$$
次に，比透磁率 $\mu_r = 900$ の鉄の磁束密度 B' は，式 (2·12) から，
$$B' = \mu H = \mu_0 \mu_r H = 4\pi \times 10^{-7} \times 900 \times 1\,000 = 1.13 \text{ T}$$
つまり，この鉄は空気中よりも 900 倍磁束が通りやすい。

[3] 透磁率・比透磁率

式 (2·12) の関係式から逆に $\mu = B/H$ となるから，透磁率 μ は，次のようにいい表すことができる。すなわち，ある場所に H〔A/m〕の磁界を加えたとき磁束密度が B〔T〕になったとすると，それらの比 B/H がその点の透磁率 μ である。透磁率 μ の単位には，**ヘンリー毎メートル**（henry per meter，単位記号 H/m）[4] が用いられる。また，この場合，磁界の強さ H を**磁化力**とも呼んでいる。

このように，透磁率は，ある物質における，一定の磁化力に対して，単位面積当たりどれだけの磁束が生ずるかを表すもので，物質の磁気的性質の違いによって異なる値をもっている。

ある物質の透磁率 μ と，真空の透磁率 $\mu_0 = 4\pi \times 10^{-7}$〔H/m〕との比をその物

=======コメント

[4] **透磁率の単位** 透磁率の単位は，式 (2·12) から，
$$\frac{\text{〔T〕}}{\left[\dfrac{A}{m}\right]} = \left[\dfrac{\text{Wb}}{\text{m}^2}\right]\cdot\left[\dfrac{m}{A}\right] = \left[\dfrac{\text{Wb}}{\text{A}\cdot\text{m}}\right]$$
となるが，後述するように，〔Wb/A〕=〔H〕（ヘンリー）となるので，〔H/m〕となる。

質の**比透磁率**といい，μ_r で表す。すなわち，$\mu_r = \mu/\mu_0$ あるいは $\mu = \mu_0 \mu_r$ となる。空気の透磁率は真空の透磁率 μ_0 とほぼ同じであるから比透磁率は1であるが，鉄などの強磁性体では，数百〜数万の値をもっているものもある。

[4] 磁気シールド

ある場所を，他からの磁界の影響を受けないようにすることを**磁気シールド**（magnetic shielding）という。このためには磁束を完全に遮断するものがあればそれでまわりを囲めばよいわけであるが，普通の状態では，このようなものはない[5]。そのため磁束の通りやすい物質，すなわち比透磁率の大きい磁性体でそのまわりを囲んで，図2・16のように外部磁界による磁束の大部分をその磁性体に通してしまうようにする。このような磁気シールドは，いろいろな計測器などで磁気的な保護に広く利用されている。

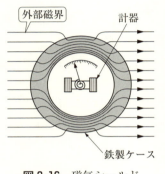

図2・16 磁気シールド

2.2
磁気現象と磁気回路

1 電流の作る磁界

電流が流れると，その周囲に磁界を生じる。この現象は，1820年にエルステッド（Hans Christian Oersted, 1777〜1851, デンマーク）によって発見された。それでは，次に電流によってどのような磁界ができるのかを調べてみよう。

[1] 直線状に流れる電流の作る磁界

図2・17のように，磁針の上に，直線状の電線を南北の方向に置き，これに一

=コメント=

[5] 超伝導状態の物質は磁束を遮断する性質がある。

2.2 磁気現象と磁気回路

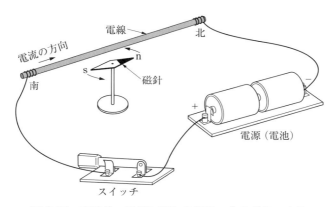

図 2・17 直線状の電線に流れる電流の作る磁界の実験

定方向の電流を流すと，磁針は南北の方向からずれた一定方向の位置で止まる。また，電池の接続を替えて電流の方向を反対にすると，磁針のずれる方向が逆になることが実験で確かめられる。

さらに，水平に置いた厚紙を，電線が垂直に貫くようにして，電線に電流を流し，厚紙の上に鉄粉を散布して，厚紙を軽くたたくと，図2・18のように，鉄粉は電線を中心とする同心円状に配列する。この鉄粉の模様は磁力線の形を表し，その方向は，厚紙の上に磁針を置き，その N 極の指す方向で知ることができる。

ここで，紙面に垂直な方向の表し方について，次のように約束する。

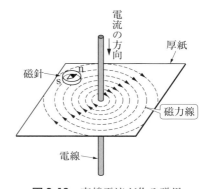

図 2・18 直線電流が作る磁界

  ⊗ ……… 紙面の表から裏に向かう方向
  ⊙ ……… 紙面の裏から表に向かう方向

これは，図2・19のように，矢が飛んで行くとき，後ろから見ると羽根が ⊗ の形に見え，前から見ると矢の先端が ⊙ の形に見えると考えれば記憶しやすい。

85

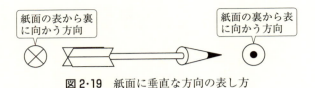

図2・19　紙面に垂直な方向の表し方

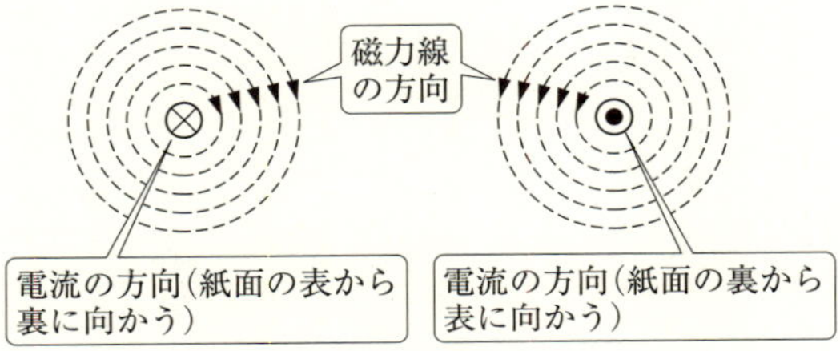

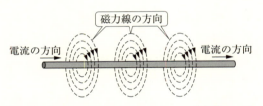

図2・20　電流と磁力線の関係

図2・21　電流の周囲のいたるところに磁力線ができる

　この記号を用いて，電流の方向と磁力線の方向の関係を示すと，図2・20のようになる。また，この磁力線は，図2・21に示すように，電流の流れている導体に垂直なあらゆる面に生じている。

[2]　コイルの電流による磁界

　次に，電線を1巻きのコイルにして，これに電流を流した場合について考えてみよう。この場合も，電線のまわりには，[1]項で調べたような磁力線が生じ，コイルの内側ではこれら磁力線の方向が同じで強め合っている。図2・22は，コイルの電流による磁界の様子を示したものである。

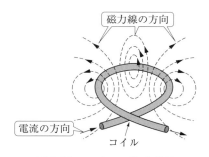
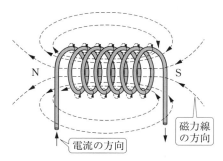

図 2·22 コイルの作る磁界　　**図 2·23** ソレノイドに流れる電流の作る磁界[6]

図 2·23 は，電線を筒型に巻いたコイル（これを**ソレノイド**（solenoido）という）に電流を流したときの磁力線の様子を示したもので，合成された磁力線は，大部分のものがソレノイド内を貫いている。この磁力線のコイルの外側の状態は，一つの棒磁石の作る磁力線の状態と同じである。このように，電流によって作られた磁石を**電磁石**（electromagnet）という。普通に用いられる電磁石では，コイル内に鉄心を入れる場合が多い。

[3] 磁力線の方向

電流によって作られる磁力線，あるいは磁界の方向を簡単に知る方法として，右ねじの法則あるいは右手親指の法則がある。

直線電流によって作られる磁力線の方向は，図 2·25(a) のように，電流の流れる方向に右ねじを進ませるとき，右ねじを回す方向が磁力線の方向と一致する。

――――――――――――――――――――――――――――コメント

[6]**コイルの図記号**　コイルを簡単に表す場合には，図 2·24 のような図記号を用いる。

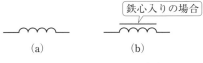

図 2·24 コイルの図記号

第2章 電流と磁気

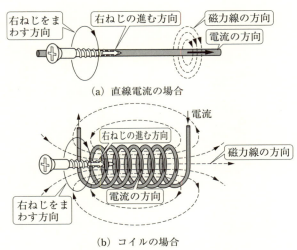

(a) 直線電流の場合

(b) コイルの場合

図 2·25 右ねじの法則

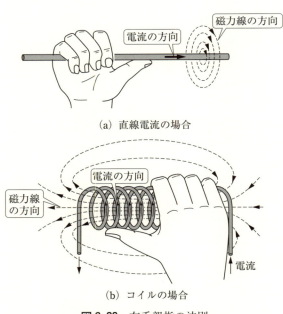

(a) 直線電流の場合

(b) コイルの場合

図 2·26 右手親指の法則

また，図(b)のように，コイルに電流が流れている場合は，電流の方向に右ねじをまわしたとき，右ねじの進む方向がコイルの中を通る磁力線の方向と一致する。これを**右ねじの法則**という。

また，この関係は，図2·26のように，右手の親指と他の四指を用いても同様に知ることができる。すなわち，直線電流の場合は，図(a)のように，右手の親指を電流の流れる方向に向けて，電線を握るようにすれば，他の四指の向かう方向が磁力線の方向と一致する。

コイルの場合は，図(b)のように，右手の親指を立て，他の四指を電流の方向にとってコイルを握るようにすれば，親指の向かう方向がコイル内を通る磁力線の方向と一致する。これを**右手親指の法則**と呼んでいる。

[4] 電流によってできる磁界に関する法則

電流によって生ずる磁界の方向は，前述した右ねじの法則あるいは右手親指の法則によって知ることができたが，電流によってできる磁界の強さについては，ビオ・サバールの法則とアンペアの周回路の法則がある。

(1) ビオ・サバールの法則　図2·27のように，導体ABに電流が流れているとき，導体上の任意の点Oの，微小長さ$\varDelta l$[7]〔m〕の部分に流れている電流I〔A〕によって点Oからθの方向にr〔m〕離れた点Pにできる磁界の強さ$\varDelta H$〔A/m〕は，次式で表される。

$$\text{ビオ・サバールの法則} \quad \varDelta H = \frac{I \times \varDelta l \sin\theta}{4\pi r^2} \ \text{〔A/m〕} \tag{2·14}$$

これを**ビオ・サバールの法則**という。また，このときの磁界の方向は，右ねじの法則に従い点Pと$\varDelta l$を含む面に垂直の方向である。

=========コメント

[7] **$\varDelta$の意味**　$\varDelta$は，ギリシア文字でデルタと読む。したがって，$\varDelta l$はデルタエルと読む。
　一般に，微小な量や変化量を表すのに$\varDelta$をつけて用いる。
〔例〕$\varDelta H$；微小磁界
　　　$\varDelta i$；微小な電流の変化量

第2章　電流と磁気

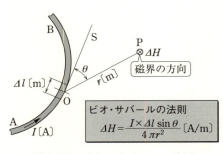

図2・27　ビオ・サバールの法則

この式は，長い電線のうちの，微小部分に流れる電流による磁界の強さであるから，導体 AB に流れる電流全体によって点 P にできる磁界の強さ H は，AB 間を微小な長さ $\Delta l_1, \Delta l_2, \Delta l_3, \cdots\cdots, \Delta l_n$ に細分し，その各々について，ビオ・サバールの法則を適用して，点 P の磁界の強さ $\Delta H_1, \Delta H_2, \Delta H_3, \cdots\cdots, \Delta H_n$ を求め，それらを全部ベクトル的に合成して求めなければならない。

次に，この考え方により，図 2・28 のような半径 r [m] の円形コイルに I [A] の電流を流したとき，円形コイルの中心点 O の磁界の強さ H [A/m] を求めてみよう。

まず，コイルの周囲を n 等分し（n はできるだけ大きな数とする），それぞれの微小部分を $\Delta l_1, \Delta l_2, \Delta l_3, \cdots\cdots, \Delta l_n$ とする。この各々の部分に流れる電流によって，中心点 O にできる磁界の強さをそれぞれ $\Delta H_1, \Delta H_2, \Delta H_3, \cdots\cdots, \Delta H_n$ とすると，それぞれの微小部分から点 O までの距離はみな等しく r [m] であり，角 θ

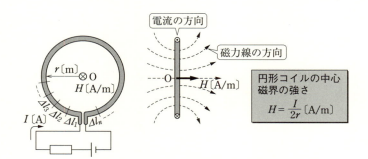

図2・28　円形コイルの中心磁界の強さ

はすべて 90° であるから，$\sin\theta = \sin 90° = 1$ となり，ビオ・サバールの法則から，

$$\Delta H_1 = \frac{I\Delta l_1}{4\pi r^2}, \quad \Delta H_2 = \frac{I\Delta l_2}{4\pi r^2}, \quad \Delta H_3 = \frac{I\Delta l_3}{4\pi r^2}, \quad \cdots\cdots,$$

$$\Delta H_n = \frac{I\Delta l_n}{4\pi r^2}$$

となる。また，これらの磁界の方向は，中心点 O ではすべて同じ方向であるから，合成磁界の強さ H は，これらの強さを全部加え合わせればよい。

$$H = \Delta H_1 + \Delta H_2 + \Delta H_3 + \cdots\cdots + \Delta H_n$$

$$= \frac{I}{4\pi r^2}(\Delta l_1 + \Delta l_2 + \Delta l_3 + \cdots\cdots + \Delta l_n)$$

ここで，$\Delta l_1 + \Delta l_2 + \Delta l_3 + \cdots\cdots + \Delta l_n$ は，コイル全体の長さであるから，半径 r〔m〕の円周の長さとなり，$2\pi r$〔m〕である。

したがって，円形コイル中心の磁界の強さ H〔A/m〕は，次のようになる。

円形コイル中心の磁界の強さ $\quad H = \dfrac{I}{4\pi r^2} \times 2\pi r = \dfrac{I}{2r}$〔A/m〕 $\qquad$ (2・15)

もし，円形コイルが n 巻きであれば，

$$H = \frac{nI}{2r} \text{〔A/m〕} \qquad (2\cdot 16)$$

となる。

(2) アンペアの周回路の法則 ビオ・サバールの法則は，電流の作る磁界を計算する根本になる法則であるが，電流の作る磁界の状態によっては，アンペアの周回路の法則を用いると，磁界をより簡単に求めることができる。

アンペアの周回路の法則（Ampere's circuital law）は，次のように表すことができる。

電流の作る磁界中を一定の方向に一周したとき，磁界の強さと磁界に沿った長さの積の和は，その一周した閉曲線の中に含まれる電流の和に等しい。

この場合，磁界と電流の正の方向は，右ねじの法則に従う方向を正と定める。この法則はまた**アンペア周回積分の法則**ともいう。

図 2・29 のように，電流 I_a, I_b, I_c〔A〕があり，この周囲に図の矢印の方向に

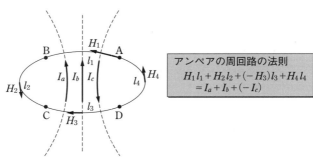

図 2・29　アンペアの周回路の法則

AB 間が H_1〔A/m〕，BC 間が H_2〔A/m〕，CD 間が H_3〔A/m〕，DA 間が H_4〔A/m〕の磁界が生じていて，その長さがそれぞれ l_1, l_2, l_3, l_4〔m〕のとき，ABCDA と磁界を一周してアンペアの周回路の法則を適用してみると，磁界の強さと長さの積の和は，

$$H_1 l_1 + H_2 l_2 + (-H_3) l_3 + H_4 l_4$$

となり，この閉曲線の中の電流の和は，右ねじの関係の方向の電流を正とすれば，

$$I_a + I_b + (-I_c)$$

となる。したがって，この場合，アンペアの周回路の法則は，次式のように表せる。

$$H_1 l_1 + H_2 l_2 + (-H_3) l_3 + H_4 l_4 = I_a + I_b + (-I_c)$$

次に，このアンペアの周回路の法則を用いて，いくつかの例について電流による磁界を求めてみよう。

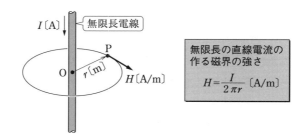

図 2・30　無限長の直線電流の作る磁界

(a) **無限長の直線電流による磁界** 無限に長い直線状の電線に I〔A〕の電流を流したとき,電線から r〔m〕離れた点Pの磁界の強さ H〔A/m〕を求めてみる。

無限に長い直線電流のまわりの磁界は,電線を中心とした同心円状になり,半径 r〔m〕の円周上の点の磁界の大きさはどこも等しく,磁界の方向は円周の接線の方向になる(図2・30参照)。したがって,電線を中心として r〔m〕離れた円周上を一周する閉曲線について,アンペアの周回路の法則を当てはめてみる。

まず,図2・31のように,この円周を細かく n 等分し,その各々の長さを $l_1, l_2, l_3, \cdots\cdots, l_n$〔m〕とし[8],これらの場所の磁界の強さはみな同じであるから,これを H〔A/m〕と置くと,

$$Hl_1 + Hl_2 + Hl_3 + \cdots\cdots + Hl_n = I$$
$$\therefore \quad H(l_1 + l_2 + l_3 + \cdots\cdots + l_n) = I \quad (2\cdot17)$$

しかるに,$(l_1 + l_2 + l_3 + \cdots\cdots + l_n)$ は円周の長さ $2\pi r$〔m〕であるから,式(2・17)は次のようになる。

$$H \times 2\pi r = I$$

ゆえに,無限長の直線電流から r〔m〕離れた点の磁界の強さ H〔A/m〕は,次のようになる。

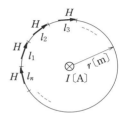

図2・31 円周上の磁界

無限長の直線電流の作る磁界の強さ $\quad H = \dfrac{I}{2\pi r}$ 〔A/m〕 $\quad\quad (2\cdot18)$

(b) **環状コイルの内部の磁界** 図2・32のように,環状に一様に巻いた N 巻きのコイルに I〔A〕の電流を流したとき,コイル内部の磁界の強さを求めてみよう。

この場合,コイルの内部の磁力線は,Oを中心とした同心円状になり,その線上ではどの点でも磁界の強さは等しい。したがって,Oを中心として半径 R

=コメント=

[8] 細かく分けた部分の方向と磁界の方向が同じとみなせるぐらいに細かく分ける。数学的には,$l_1, l_2, \cdots\cdots, l_n$ の各長さが限りなく零に近い値に細分するものと考える。

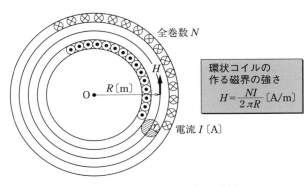

図 2・32 環状コイルの作る磁界

〔m〕の円周上を一周してアンペアの周回路の法則を当てはめると，

$$H \times 2\pi R = NI$$

ゆえに，環状コイルの作る磁界の強さ H〔A/m〕は，

| 環状コイルの作る磁界の強さ | $H = \dfrac{NI}{2\pi R}$ 〔A/m〕 | (2・19) |

となる。この式から，コイル内の磁界の強さは，半径 R が小さいところ，すなわち内側では大きく，R が大きいところ，すなわち外側では小さくなる。しかし，コイルの半径 r が環状の半径 R に比べて十分小さければ，コイル内の磁界の強さは，ほぼどこも等しいと考えてよい。したがって，一般的には，環状コイル内部の磁界の強さを，コイルの中心軸上の値で平等磁界として取り扱う場合が多い。

また，式(2・19)で，磁路の長さ（後述）を l とすれば，$2\pi R = l$ となり，磁界の強さ H〔A/m〕は，次式のようになる。

$$H = \frac{NI}{l} = nI \text{〔A/m〕} \quad (2\cdot20)$$

ここに，$n = \dfrac{N}{l}$ は，磁路の長さ 1 m 当たりのコイルの巻数である。したがって，長いソレノイドの中の磁界が平等磁界とみなせる場合には，その磁界の強さは，この式(2・20)で求められる。

2 磁気回路

第1章で,電流の流れる閉回路を電気回路と呼んだが,それと同じように,磁束の通る閉回路を**磁気回路**(magnetic circuit)あるいは単に**磁路**という。電気回路には主として銅が用いられるが,磁気回路には強磁性体である鉄およびそれらの合金が多く用いられる。

磁気回路の磁束などを計算で求める場合,すでに学んだ電気回路の計算方法と同じような考え方をするとわかりやすい。

図2・33のように,断面積 S 〔m²〕に比べて磁気回路の長さ l 〔m〕が十分長い透磁率 μ 〔H/m〕の環状鉄心にコイルを N 回巻き,これに I 〔A〕の電流を流したときの,磁束 Φ 〔Wb〕の関係を調べてみよう。

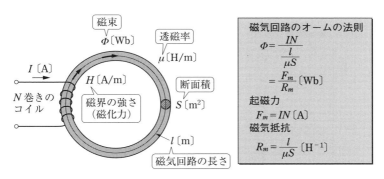

図2・33 磁気回路

鉄心中の磁界は平等磁界と考えられるから,この磁界の強さ,すなわち磁化力を H 〔A/m〕とすれば,アンペアの周回路の法則から,

$$Hl = IN \qquad \therefore \quad H = \frac{IN}{l} \ \text{〔A/m〕} \tag{2・21}$$

磁束密度を B 〔T〕,磁束を Φ 〔Wb〕とすれば,

$$\Phi = SB = S\mu H \ \text{〔Wb〕} \tag{2・22}$$

この式(2・22)に式(2・21)を代入すれば,次のようになる。

磁気回路のオームの法則 $\quad \Phi = S\mu \times \dfrac{IN}{l} = \dfrac{IN}{\dfrac{l}{\mu S}} = \dfrac{F_m}{R_m} \ \text{〔Wb〕} \tag{2・23}$

ここに，$F_m = IN$ 〔A〕，　　$R_m = \dfrac{l}{\mu S}$ 〔H^{-1}〕

この式は，電気回路のオームの法則（$I = E/R$）の式に相似している。そのため，この式を**磁気回路のオームの法則**という。

電気回路の起電力に相当する，磁気回路に磁束を通すための磁気的な力は $F_m = IN$ であり，これを**起磁力**（magnetomotive force）といい，単位には**アンペア**〔**A**〕を用いる。また，電気抵抗に相当する R_m（$= l/\mu S$）を**磁気抵抗**（magnetic reluctance）または**リラクタンス**といい，単位には**毎ヘンリー**（per henry，単位記号 H^{-1}）を用いる。

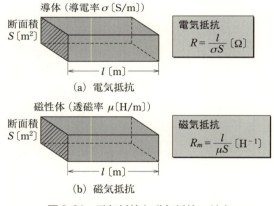

図2・34　電気抵抗と磁気抵抗の対応

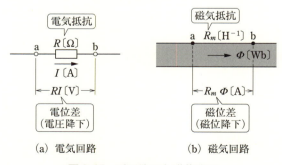

図2・35　電圧降下と磁位降下

2.2 磁気現象と磁気回路

電気抵抗 R と磁気抵抗 R_m の対応を図2・34に示す。

電気回路においては，図2・35(a)のように，電気抵抗 R〔Ω〕に I〔A〕の電流が流れると RI〔V〕の電位差あるいは電圧降下を生じるが，磁気回路の場合も同様の考え方から，図(b)のように，磁気抵抗 R_m〔H^{-1}〕に Φ〔Wb〕の磁束が通ると $R_m\Phi$〔A〕の**磁位差**（magnetic potential difference）あるいは**磁位降下**が生ずると考える。このようにすると，電気回路のキルヒホッフの第2法則と同様に，「**磁気回路を一周したとき各部分の磁位降下を全部加え合わせたものは，その磁気回路に加えられた全起磁力 F_m に等しい**」ということができる。

以上のように，磁気回路を電気回路と同様に考えれば，複雑な磁気回路についても磁束を求められるはずであるが，実際には計算どおりにならない場合が多い。その主な理由として，磁束の漏れ（これを**漏れ磁束**といい，電気回路の漏れ電流に相当する），磁気飽和などが考えられる。電気回路では，導体に対する絶縁物の抵抗は非常に大きく，電流はすべて導体内を流れると考えてよかった。これに対して，磁気回路の強磁性体に対する空気あるいは真空の磁気抵抗の値はそれほど大きくなく，したがって，一般にかなり大きな漏れ磁束を生ずる結果，電気回路のようにはっきりと回路を規制できない。また，場合によっては，磁路中の**ギャップ**（air-gap）のように空気を磁路の一部とすることもあり，複雑さを増している。

電気回路と磁気回路の対応関係をまとめて示すと表2・1のようになる。

表2・1 電気回路と磁気回路の対応

電気回路	磁気回路
起電力 E〔V〕	起磁力 F_m〔A〕
電気抵抗 R〔Ω〕 $R = \dfrac{l}{\sigma S}$	磁気抵抗 R_m〔H^{-1}〕 $R_m = \dfrac{l}{\mu S}$
電流 I〔A〕 $I = \dfrac{E}{R}$	磁束 Φ〔Wb〕 $\Phi = \dfrac{F_m}{R_m}$
導電率 σ〔S/m〕	透磁率 μ〔H/m〕
電圧降下 RI	磁位降下 $R_m\Phi$

第2章 電流と磁気

例題1 $5\,\text{cm}^2$ の一様な断面積をもつ，切れ目のない鉄で作った長さ $100\,\text{cm}$ の磁気回路に，巻数170回のコイルが巻いてある。$1.02\,\text{T}$ の磁束密度を生ずるにはいくらの電流を流せばよいか。ただし，鉄の比透磁率 μ_r は $1\,200$，真空の透磁率 μ_0 は $4\pi\times 10^{-7}\,\text{[H/m]}$ であり，漏れ磁束はないものとする。

解答 磁束 $\varPhi\,\text{[Wb]}$ は，式(2·23)から，

$$\varPhi = \frac{IN}{\dfrac{l}{\mu S}} = \frac{IN\mu_0\mu_r S}{l}\,\text{[Wb]} \quad (\because\ \mu = \mu_0\mu_r)$$

$$\therefore\ I = \frac{\varPhi l}{N\mu_0\mu_r S} = \frac{BSl}{N\mu_0\mu_r S} = \frac{Bl}{N\mu_0\mu_r}\,\text{[A]} \quad (\because\ \varPhi = BS)$$

上式に与えられた数値を代入すると，

$$I = \frac{1.02\times 100\times 10^{-2}}{170\times 4\pi\times 10^{-7}\times 1\,200} \fallingdotseq 3.98\,\text{A}$$

2.3 磁 化 曲 線

すでに学んだように，強磁性体は小さい分子磁石が集まってできていると考えられる。したがって，コイルに流した電流などによる磁界中に強磁性体を置くと，この分子磁石が整列して磁束を生じ，これが電流によって生じた磁束に加わるため，全体として磁束が増加する。したがって，同じ巻数で同じ電流を流したコイルでも，中に強磁性体を入れると多くの磁束が得られる。

このような理由で，一般の電動機（モータ）や変圧器（トランス）などには強磁性体にコイルを巻いたものが用いられている。

ここでは，このように強磁性体を磁化したときの現象について学習する。

1 磁化曲線（*B-H*曲線）

一般に，磁束密度 B と磁界の強さ H との間には，$B = \mu H$ の関係がある。真空中または空気中では，B と H は常に正比例し，透磁率 μ の値は $\mu = \mu_0 = 4\pi\times 10^{-7}\,\text{[H/m]}$ で一定である。

2.3 磁化曲線

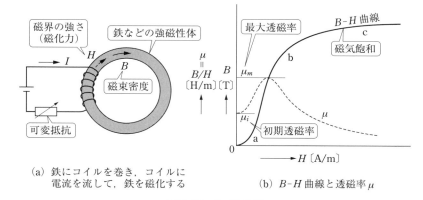

(a) 鉄にコイルを巻き，コイルに電流を流して，鉄を磁化する

(b) B-H 曲線と透磁率 μ

図 2・36　B-H 曲線

これに対して，鉄などの強磁性体では，BとHとは比例せず，したがって透磁率μの値もHの値によって変化する。

図 2・36(a)のように，強磁性体の環状の資料にコイルを巻き，コイルに流れる電流Iを0から次第に増して，磁界の強さ，すなわち磁化力Hを増加したときの磁束密度Bの関係をグラフに表すと，図(b)の 0abc のような曲線になる。この曲線を **B-H 曲線**または**磁化曲線**という。

このB-H曲線の形は，磁性体の種類によって異なるが，一般的には，図(b)に示したように，磁化力Hが小さいときには，0a部分のように，磁束密度の増加がゆるやかで，さらにHを増すと，ab部分のようにBは急激に増加する。さらにHを増すと，bc部分のように，Bの増加の割合は減少して，一定値に近づく傾向を示す。

これは，磁性体の分子磁石が全部整列してしまえば，これによって生じる磁束はそれ以上増加しなくなり，あとは電流によって生じる磁束の増加分だけとなるからである。この現象を**磁気飽和**（magnetic saturation）という。このことから，磁性体の磁化曲線のことを**磁気飽和曲線**と呼んでいる。

B-H曲線のBとHから$\mu = B/H$として透磁率μを求め，Hに対するμの関係を表したものが，図(b)のμの曲線である。この変化する透磁率のうち，最大の透磁率μ_mをその磁性体の**最大透磁率**（maximum permeability）という。また，Hが0に近づいたときの透磁率μ_iを**初期透磁率**（initial permeability）とい

う。

Hが非常に大きくなると，μの値は次第に真空の透磁率μ_0に近づいていく。

2 磁気ヒステリシス

全く磁化されたことのない，あるいは完全に磁気を消し去った（消磁された）強磁性体に一定方向の磁化力を加え，その強さを次第に増加させ，磁束密度の変化を表すとB-H曲線になることは，前述したとおりである。しかし，一度ある値まで磁化したのち磁化力を減少させると，前のB-H曲線をたどらないで図2・37のｂｃｄのような曲線になり，さらにｄ点から再びHを増すと，ｄｅｂをたどった曲線を描くようになる。すなわち，同一の磁化力H（図の0ｆ）であっても，その磁気的な経歴によって磁束密度の値が異なることを示している。このように，鉄などの強磁性体で，磁気的経歴が，そのあとの磁化状態に影響する現象を**磁気ヒステリシス**（magnetic hysteresis）という。

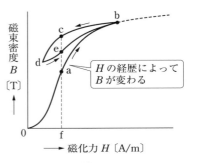

図2・37 磁気ヒステリシス

3 ヒステリシスループ

鉄などの強磁性体には，磁気ヒステリシス現象があるので，最初，消磁したものに，ある一定方向（これを＋とする）のHを，0から増加させてB-H曲線を描くと，図2・38の0ａのようになる。磁化力H_m，磁束密度B_mのａ点に達したところで，Hを減少させて0までもどすと，磁束密度Bはａｂの曲線をたどり，$H = 0$でも$+B_r$の磁束密度が残る。次に，磁化の方向を前と反対（－方向）にしてHを増していくと，ｂｃの曲線を描き，$-H_c$のとき磁束密度が0になる。Hをさらに－方向に増して$-H_m$にすると，ｃｄの曲線を描き，磁束密度$-B_m$のｄ点になる。ここで，またHをマイナス（－）から0まで変化させるとｄｅの曲線を描き，$H = 0$のとき$-B_r$の磁束密度が残る。さらにまた，Hの方向をプラス（＋）にして0からH_mまで変化させると，ｅｆａの曲線をたどり，ａ点に

2.3 磁化曲線

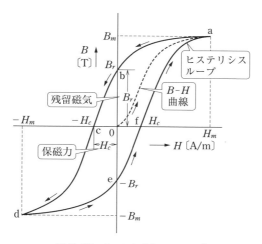

図2・38 ヒステリシスループ

もどって閉曲線となる。

このように，強磁性体では，磁化力 H を＋，－の方向に交番的に変化させると，磁化曲線は閉じた曲線となる。これを**ヒステリシスループ**（hysteresis loop）という。

ヒステリシスループで，磁化力 $H = 0$ のときの磁束密度 B_r を**残留磁気**（remanence あるいは residual magnetism）といい，残留磁気を 0 にするため反対方向に加えた磁化力 H_c を**保磁力**（coercive force）という。

ヒステリシスループの形は，磁性体の種類や加工の仕方などで異なるが，一般に，B_r が大きく H_c の小さいものは電磁石に適し，H_c の大きいものは，永久磁石に適している。

4 ヒステリシス損

強磁性体に交番的な磁界の強さ（磁化力）を与えてヒステリシスループを生じさせると，磁界の強さが1回交番するごとに，図2・38のヒステリシスループ a b c d e f a で囲まれた面積に比例した熱が，この磁性体内に発生する。この熱エネルギーは，磁化する際に与えられた電気（場合によっては機械的な）エネルギーが，磁気ヒステリシス現象により熱に変わったものである。磁束を生じさせ

る目的からすれば，この熱エネルギーは不用のものであり，一般に損失と考えられる。したがって，これを**ヒステリシス損**（hysteresis loss）という。

発電機，電動機，変圧器などの電気機器に用いられる鉄心のヒステリシス損については，スタインメッツ（Charles Proteus Steinmetz, 1865～1923, アメリカ）が，実験結果から，次の関係があることを発表している。

すなわち，鉄心を通る最大磁束密度を B_m〔T〕，1秒間当たりのヒステリシスループの繰り返しの回数を f とすれば，その鉄心の体積 1 m³ 当たりのヒステリシス損 P_h〔W/m³〕は，

$$P_h = \eta f B_m^{1.6} \text{〔W/m}^3\text{〕}$$

となる。ここに，η は**ヒステリシス係数**（hysteresis coefficient）で，磁性体の種類によって決まる定数である。

交番的に磁化される電気機器の鉄心や電磁石に用いる鉄心には，図 2·39 の①のようなヒステリシスループの面積の小さい軟鋼板やけい素鋼板などが用いられる。また，永久磁石には，図の②のようなヒステリシスループの面積の大きい磁石鋼が用いられる。

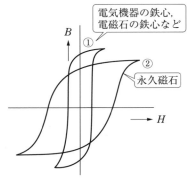

図 2·39 ヒステリシスループの比較

2.4 電　磁　力

1　磁界中の電流に働く力

[1]　電磁力

図 2·40 のように，磁石の N，S 磁極間に導体を置き，これに図に示す方向に電流を流すと，導体は，矢印の方向に動くことが実験で確かめられる。これは，磁力線の性質を用いて，次のように説明することができる。

磁極間には，図 2·41 (a) に示すように，磁力線が N 極から S 極に向かって通っている。また，導体に電流を流すと，導体の周囲には，図 (b) に示すよう

2.4 電磁力

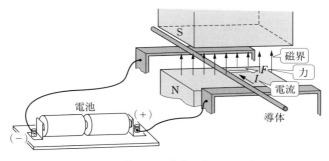

図2·40 磁界中の導体に作用する力

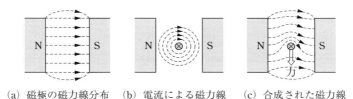

(a) 磁極の磁力線分布　(b) 電流による磁力線分布(右ねじの法則)　(c) 合成された磁力線分布

図2·41 電磁力の方向の考え方

な，右ねじの法則に従う矢印の方向に円形の磁力線ができる。

　導体を磁極間に入れて電流を流すと，この両者の磁力線が合成され，磁極間の磁力線分布は，図(c)のような湾曲した形となる。磁力線は引っ張られたゴムひものように縮もうとする性質があるので，導体は矢印の方向に力を受けて移動する。

　このように，磁界の中を電流が流れると，磁界と電流，したがって磁極と電流との間に力が作用する。このような力を**電磁力**（electromagnetic force）という。

[2]　電磁力の方向

　電磁力の方向を知るには，前述したように，磁力線の図を描いて力の方向を求めてもよいが，**フレミングの左手の法則**（Fleming's left-hand rule）を用いて簡単に知ることができる。これは，図2·42のように，**左手の人差し指，中指，親指を互いに直角に曲げ，人差し指を磁界の方向，中指を電流の方向に向ければ**，

103

第2章　電流と磁気

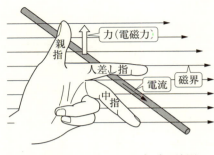

図2·42　フレミングの左手の法則

親指の方向が，電流の流れている導体に作用する電磁力の方向となる。

[3]　電磁力の大きさ

電磁力の大きさは，磁束密度，電流，導体の磁界と直角方向の長さの積に比例する。

図2·43(a)のように，長さ l〔m〕の直線導体を，磁束密度 B〔T〕の平等磁界中に磁界と直角の方向に置き，これに I〔A〕の電流を流したとき導体に作用する電磁力の大きさ F〔N〕は，

$$F = BlI \text{〔N〕} \tag{2·24}$$

となる。

もし，図(b)のように，長さ l〔m〕の導体が磁界の方向に対し θ の角度で置

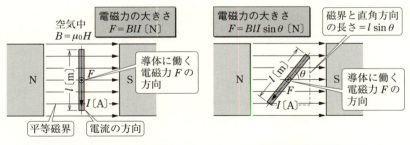

(a) 導体を磁界の方向と直角の方向に置いた場合

(b) 導体を磁界の方向に対して θ の角度に置いた場合

図2·43　平等磁界中の電磁力の大きさ

かれているときには，これの磁界に直角方向の長さは，$l\sin\theta$ となる。ゆえに，電磁力の大きさは，次のようになる。

電磁力の大きさ $\quad F = BlI\sin\theta \ [\text{N}] \quad\quad\quad\quad (2\cdot25)$

したがって，導体が磁界と直角に置かれている場合には，電磁力は最も大きく，磁界と平行に置かれた場合には電磁力は零となる。

例題 1 磁界の強さ 1 800 A/m の空気中に，磁界の方向と 60° の角をもった 30 cm の導体が置かれている。これに 10 A の電流を流したとき生じる電磁力はいくらか。

解答 まず，磁界の強さ $H = 1\,800$ A/m の空気中の磁束密度 B [T] は，
$$B = \mu_0 H = 4\pi \times 10^{-7} \times 1\,800 \text{ T}$$
したがって，求める電磁力 F [N] は，式 (2·25) から，
$$F = BlI\sin\theta = \mu_0 HlI\sin\theta$$
$$= 4\pi \times 10^{-7} \times 1\,800 \times 0.3 \times 10 \times \sin 60°$$
$$= 4\pi \times 10^{-7} \times 1\,800 \times 0.3 \times 10 \times \frac{\sqrt{3}}{2} = 5.88 \times 10^{-3} \text{ N}$$

[4] 磁界中に置かれたコイルに電流を流したときに生じる力

図 2·44 のように，B [T] の平等磁界中に l [m] × d [m] の長方形のコイルを置いて，これに I [A] の電流を流したときに作用する力を調べてみよう。

コイルの二辺 1-2 と 3-4 は，磁界に対して直角に置かれているから電磁力が働くが，他の二辺 1-4 と 3-2 は，磁界と平行であるから電磁力は作用しない。コイル辺 1-2 と 3-4 に作用する電磁力 F は，
$$F = BlI\sin\theta = BlI\sin 90° = BlI \ [\text{N}]$$
で，辺 1-2 と 3-4 では，力の大きさは同じであるが方向が反対である。したがって，コイルにはその軸 OO′ を中心としたトルク（回転力）を生ずることになる。
トルクを T [N·m] とすると，
$$T = F \times \frac{d}{2} + F \times \frac{d}{2} = Fd = BlId \ [\text{N·m}]$$

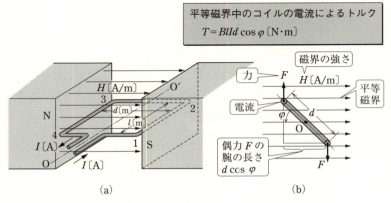

図2·44 平等磁界中の電流の流れたコイルに作用するトルク

となり，コイルが N 巻のときにはトルク T' もこれの N 倍になり，

$$T' = N \times T = NBlId \quad [\text{N·m}] \tag{2·26}$$

となる．また，図2·44(b)のように，コイル面が磁界の方向と φ だけ傾けて置かれた場合には，トルク T は次のようになる．

平等磁界中の電流の流れたコイルに作用するトルク

$$T = BlId \cos \varphi \quad [\text{N·m}] \tag{2·27}$$

トルクは角 φ の値により最大 $BlId$ から0まで変化する．

このような磁界中に置かれたコイルに作用するトルクは，電動機や電気計器などに広く利用されている．

2 電流相互間に働く力

[1] 電流力

2本の平行に置かれた導体に電流を流すと，これら2本の導体の間に吸引力あるいは反発力が作用する．これは，次のように考えられる．

各導体に流れる電流によってできる磁力線の様子は，図2·45のようになる．これから，図(a)のように同方向の電流のときには吸引力，図(b)のように反対方向の電流のときには反発力となることが理解できる．また，このことは，見方

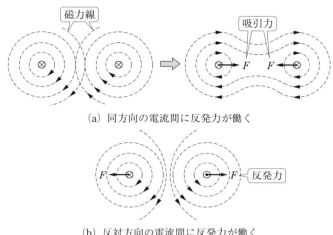

(a) 同方向の電流間に反発力が働く

(b) 反対方向の電流間に反発力が働く

図2・45 電流相互間の磁力線分布

を変えて考えると，一方の導体の電流によってできた磁界中に，もう一方の電流の流れている導体が置かれていることになるから，これに電磁力が作用すると考えることができる。

このように，電流相互間に作用する力は，電磁力と同じであるが，形のうえからいうと電流相互の力であるので，これを**電流力**（electrodynamic force）と呼んでいる。

[2] 電流力の大きさ

前述した電磁力の大きさを求める方法と同じ方法で，導体相互間に働く電流力の大きさを求めてみよう。

図2・46のように，真空あるいは空気中に2本の直線平行導体A，Bを r 〔m〕の間隔に置き，それぞれの導体に I_a，I_b〔A〕の電流を同方向に流すものとする。また，導体は非常に長いものとする。

まず，導体Aに流れる I_a〔A〕の電流によって導体Bの部分にできる磁界 H_a は，図(b)に示すように，右ねじの法則から，導体Bに直角の方向で，その大きさは，

第2章 電流と磁気

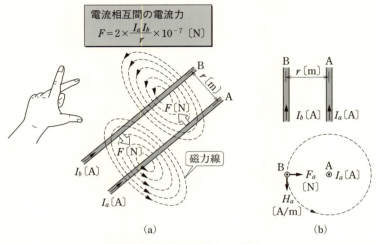

図2・46 電流相互間の電流力

$$H_a = \frac{I_a}{2\pi r} \text{ [A/m]}$$

となる。したがって、この部分の磁束密度 B_a [T] は、真空の透磁率を μ_0 とすれば、

$$B_a = \mu_0 H_a = \frac{\mu_0 I_a}{2\pi r} \text{ [T]}$$

となる。すなわち、導体Bは磁束密度 B_a [T] の磁界中に磁界と直角に置かれていることになる。

したがって、導体Bに I_b [A] の電流が流れているとき、導体の長さ1m当たりの電磁力 F_a は、

$$F_a = B_a I_b = \frac{\mu_0 I_a}{2\pi r} \times I_b \text{ [N/m]}$$

となる。これに、真空の透磁率 $\mu_0 = 4\pi \times 10^{-7}$ [H/m] を代入すれば、

$$F_a = 4\pi \times 10^{-7} \times \frac{I_a I_b}{2\pi r} = 2 \times \frac{I_a I_b}{r} \times 10^{-7} \text{ [N/m]} \qquad (2 \cdot 28)$$

となる。

同様にして、導体Bに流れる電流 I_b [A] によって、導体Aの部分にできる

磁界 H_b は，

$$H_b = \frac{I_b}{2\pi r} \ [\mathrm{A/m}]$$

となる。この磁界中で導体 A に I_a [A] の電流が流れたときの導体の長さ 1 m 当たりの電磁力 F_b [N/m] は，

$$F_b = B_b I_a = \frac{\mu_0 I_b}{2\pi r} \times I_a = 4\pi \times 10^{-7} \times \frac{I_a I_b}{2\pi r} = 2 \times \frac{I_a I_b}{r} \times 10^{-7} \ [\mathrm{N/m}]$$

となる。当然のことながら，作用反作用の法則どうりに，$F_a = F_b = F$ となり，電流相互間の力 F [N/m] は，次のようになる。

真空中の電流相互間の電流力　　$F = 2 \times \dfrac{I_a I_b}{r} \times 10^{-7}$ [N/m] 　　　(2・29)

なお，この電流力は，I_a と I_b とが同方向の場合には吸引力，反対方向の場合には反発力となる。

[3]　電流の単位の定義

いま，$I_a = I_b = 1$ [A]，$r = 1$ [m] のとき，導体の長さ 1 m 当たりに作用する力 F を求めてみると，式(2・29)から，

$$F = 2 \times \frac{I_a I_b}{r} \times 10^{-7} = 2 \times \frac{1 \times 1}{1} \times 10^{-7} = 2 \times 10^{-7} \ [\mathrm{N/m}] \quad (2 \cdot 30)$$

となる。このことから，電流の単位は，計量単位令（1992 年）で次のように定めた。

「真空中に **1 m** の間隔で平行に置かれた無限に小さい円形断面を有する **2** 本の無限に長い直線状導体のそれぞれを流れ，これらの導体の **1 m** ごとに力 $\mathbf{2 \times 10^{-7}}$ ニュートンの力を及ぼし合う直流の電流を **1** アンペアとする。」

しかし，現在では，電気量（電荷）の最小単位 e を $e = 1.602176634 \times 10^{-19}$ C と定義し，1 秒間に 1 C が通過する電流を 1 A と定めている（C = s・A）。ただし，工学の分野においては，式(2・30)を電流の定義として用いてもさしつかえない。

2.5 電磁誘導作用と電磁エネルギー

1 電磁誘導作用

図2·47(a)のように，コイルと検流計を接続し，このコイルに磁石を近づけたり遠ざけたりすると，検流計の指針が振れ，コイルに起電力が生じて回路に電流が流れたことがわかる。また，磁石を近づけるときと遠ざけるときとでは，電流の流れる方向が反対で，磁石を動かす速度が速いほど検流計の振れが大きくなり，磁石が静止すれば検流計の振れは零になる。

次に，図(b)のように，導体の両端を検流計に接続し，この導体を磁界と直角の方向に動かすと，検流計の指針が振れて，この回路に起電力が生じ電流が流れ

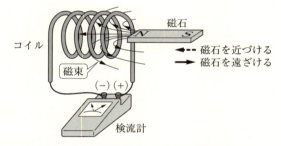

(a) コイルの中に磁石を入れたり出したりする

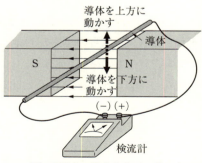

(b) 磁界中で導体を上下に動かす

図2·47 電磁誘導作用の実験

たことがわかる。

　これらの現象から、「コイル中を貫く磁束が変化したり、導体が磁束を切るような動きをしたときに、起電力が発生する」ということができる。そして、この現象のことを**電磁誘導**（electromagnetic induction）といい、これによって発生する起電力を**誘導起電力**（induced electromotive force）、流れる電流を**誘導電流**（induced current）という。

　この電磁誘導作用は、1831年ファラデーによって発見されたもので、発電機、変圧器、マイクロホン、磁気記録の再生など、その他いろいろな方面に応用されている。

2　誘導起電力の大きさと方向

[1]　誘導起電力の方向

　電磁誘導によって生ずる起電力あるいは誘導電流の方向を知る方法として、レンツの法則とフレミングの右手の法則がある。

(1) レンツの法則　レンツの法則は、**反作用の法則**ともいわれるもので、次のような法則である。

　電磁誘導によって生じる起電力の向きは、その誘導電流の作る磁束が、もとの磁束の増減を妨げる方向に生ずる。

　この法則は、コイル中を貫く磁束が変化しつつあるときに適用すると便利である。図2・48の例で、この法則を用いて、起電力の方向を調べてみよう。

　磁石の周囲には、N極から出てS極に入る磁束が分布しており、極に近い部分では磁束が密集している。いま、N極を図(a)のように、コイルに近づけていくと、コイル中を貫く磁束はだんだんと増加する。したがって、コイルには、レンツの法則によって、この磁束の増加を妨げるような、すなわち磁石の磁束と反対方向の磁束（これを**反作用磁束**という）を作る誘導電流を生ずるような方向の起電力が、図の矢印の方向に発生する。

　また、図(b)のように、N極をコイルから遠ざけると、コイル中を貫く磁束はだんだんと減少する。したがって、コイルにはレンツの法則によって、この磁束の減少を妨げるような、すなわち、磁石の磁束と同じ方向の磁束を作る誘導電流を生ずるような方向の起電力が、図の矢印の方向に発生する。コイルにS極を

第2章　電流と磁気

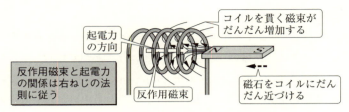

(a) コイルに磁石を近づけた場合

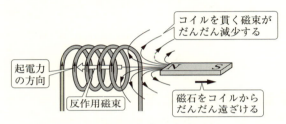

(a) コイルから磁石を遠ざけた場合

図 2·48　コイルに生ずる起電力の方向

近づけたりしたときも同様に起電力の方向を知ることができる。

　次に，二つのコイル A，B を近づけて置き，図 2·49(a)のように，一方のコイル A に電源とスイッチを，もう一方のコイル B に検流計をつないだ回路で，スイッチ S を開閉してみると，開閉の瞬間に，B コイルにつないだ検流計の指針が振れて，B コイルに起電力が生じて電流が流れることがわかる。

　これは，コイル A に電流が流れると，コイル A の中に磁束ができ，その一部がコイル B と交わり，この磁束の変化によって B コイルに起電力が生じるからである。図のような電池の接続およびコイルの巻き方で，スイッチを閉じ，A コイルに電流を流すと，A コイルに生じた磁束のうちの一部の磁束が，B コイルの中を図のような方向で増加する。したがって，B コイルには，この磁束の増加を妨げるような方向に磁束（反作用磁束）を作る誘導電流を流す方向に，起電力が発生する。

　次に，スイッチを開いたときは，B コイルの中の，図の方向の磁束は零まで減少するから，B コイルには，図(b)のように，この減少する磁束と同じ方向の磁束（反作用磁束）を作る誘導電流を流すような方向の起電力を発生する。すなわ

2.5 電磁誘導作用と電磁エネルギー

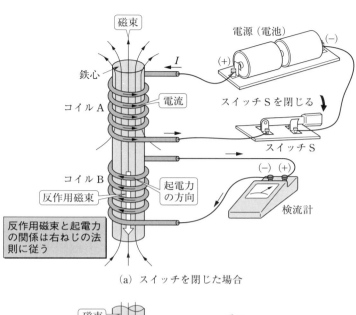

(a) スイッチを閉じた場合

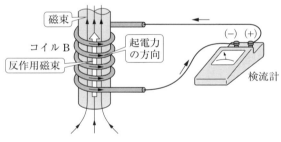

(b) スイッチを開いた場合

図2・49 コイル相互による電磁誘導作用の実験

ち，スイッチを閉じたときと開いたときでは，Bコイルに発生する誘導起電力の方向は反対になる。

(2) フレミングの右手の法則　磁界中に置かれた導体が，あたかも磁束を切るような動きをすると，この導体に起電力を生じる。この起電力の方向は，次のような法則を用いると簡単に知ることができる。

図2・50のように，**右手の親指，人差し指，中指を互いに直角に曲げ，人差し**

第2章 電流と磁気

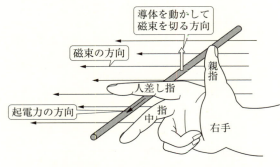

図2·50 フレミングの右手の法則

指を磁束（磁界）の方向に，親指を導体の運動方向に向けると，中指が導体に生ずる起電力の方向を示す。これを**フレミングの右手の法則**（Fleming's right-hand rule）という。この法則は，電磁力に関するフレミングの左手の法則と対照的なものである。

[2] 誘導起電力の大きさ

電磁誘導によって回路に誘導される起電力は，その回路を貫く磁束の時間に対して変化する割合に比例する。これを**電磁誘導に関するファラデーの法則**という。

(1) コイルに誘導される起電力の大きさ 電磁誘導に関するファラデーの法則によれば，電磁誘導によって回路に誘導される起電力は，その回路を貫く磁束の時間に対して変化する割合に比例する。したがって，図2·51のように，1巻きのコイルを貫く磁束 Φ が，微小時間 Δt〔s〕に $\Delta \Phi$〔Wb〕だけ増加したときの起電力 e は，比例定数を k とすれば，

$$e = k \frac{\Delta \Phi}{\Delta t}$$

と表すことができる。

SI単位系では，時間の単位に秒〔s〕，電圧の単位にボルト〔V〕を用いたとき，比例定数 $k=1$ になるように磁束の単位ウェーバ〔Wb〕が定められている。そこで，これらの単位を用い，さらにコイルを貫く磁束の正方向と起電力の

2.5 電磁誘導作用と電磁エネルギー

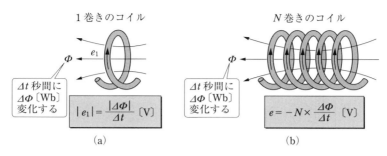

図 2·51 コイルに誘導される起電力の大きさ

正方向を，図 2·52 のように右ねじの関係にとると，誘導起電力の大きさは，次式のようになる。

$$e = -\frac{\Delta \Phi}{\Delta t} \text{ [V]} \tag{2·31}$$

すなわち，1 巻きのコイルの中を貫く磁束が，1 秒間に 1 ウェーバの割合で増加すると 1 V の大きさの起電力が誘導されるが，その方向は磁束と起電力の正方向を右ねじの関係にとると，負の値になる。

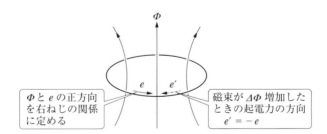

図 2·52 磁束に対する起電力の正方向

また，コイルが N 巻きであれば起電力も N 倍になるから，次のようになる。

コイルの誘導起電力 $\quad e = -N\dfrac{\Delta \Phi}{\Delta t}$ [V] $\tag{2·32}$

一般に，磁束がコイルを貫いて鎖のように交わるとき，磁束とコイルが**鎖交**するという。巻数 N と磁束 Φ との積 $N\Phi$ を**磁束鎖交数**といい，Ψ_m で表し，単位

第2章 電流と磁気

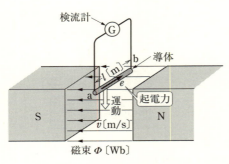

図2·53 運動する導体の起電力

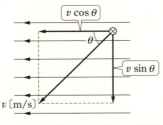

図2·54 磁界中を斜めに運動する導体

はウェーバ〔Wb〕である。この磁束鎖交数でいえば，「**コイルに誘導する起電力の大きさは1秒間当たりの磁束鎖交数〔Wb〕の変化に等しい**」ということができる。

(2) 平等磁界中を運動する導体の誘導起電力の大きさ この場合，別の見方をすれば，図2·53のように，導体abの両端に検流計Gをつないだab Gaを1巻きの長方形コイルと考え，この長方形コイルの中の磁束の通っている部分の面積が導体abの運動によって変化し，したがって，このコイルの磁束鎖交数が変化して起電力が生ずると考えることができる。このように考えると，長さl〔m〕の直線導体が磁束と直角の方向に一定速度v〔m/s〕で運動すると，導体abは1秒間当たりv〔m〕移動するから，lv〔m²〕の面積内の磁束Blv〔Wb〕が1秒間に変化したことになる。したがって，このときの起電力の大きさeは，

$$e = Blv \text{〔V〕} \tag{2·33}$$

となる。

次に，図2·54のように，長さl〔m〕の直線導体が，磁界の方向からθの方向にv〔m/s〕の速度で運動した場合を考えると，速度v〔m/s〕は，磁界と同方向の$v\cos\theta$〔m/s〕と，磁界と直角方向の$v\sin\theta$〔m/s〕の二つの速度に分解できる。したがって，起電力を求めるときには，長さl〔m〕の導体が磁界と直角の方向に$v\sin\theta$〔m/s〕の速度で運動していると考えればよい。したがって，起電力eは，次のようになる。

運動する導体の起電力 $e = Blv\sin\theta$ 〔V〕 (2·34)

2.5 電磁誘導作用と電磁エネルギー

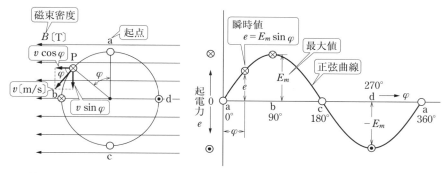

(a) 平等磁界中を回転する導体 (b) 正弦波交流起電力

図2·55 平等磁界中を回転する導体の起電力

(3) 平等磁界内を回転運動する導体の起電力　図2·55(a)のように，磁束密度B〔T〕の平等磁界中をv〔m/s〕の一定の速さで回転運動する，長さl〔m〕の直線導体に誘導する起電力eについて調べてみよう．

図に示すように，aを起点として，導体が反時計方向にφの角度だけ回転して，点Pにきた瞬時の起電力eは，この瞬間に，磁束を直角に切る速さが$v\sin\varphi$〔m/s〕であるから，次のようになる．

> **回転する導体の起電力**　$e = Blv\sin\varphi$ 〔V〕　　　　　(2·35)

この式は，式(2·34)と同じようであるが，意味が異なる．すなわち，式(2·34)の角度θは一定であるが，式(2·35)の角度φは回転につれて変わってくることである．したがって，起電力eは時間の経過と共に大きさと方向が変化する．すなわち，起電力のある瞬間の値（これを**瞬時値**という）は，$E_m = Blv$〔V〕を最大として，φの変化（すなわち時間の経過）につれて，図(b)のように，正弦曲線で変化する波形になる．起電力の瞬時値eは，

$$e = E_m \sin\varphi \text{〔V〕} \quad (2\cdot36)$$

で表せる．このときE_mを**最大値**という．

このように，時間と共に，大きさと方向が規則正しく変化する起電力を**交流起電力**（alternating-current electromotive force）といい，これによって流れる電

流を**交流電流**という。我々が用いている電気の多くは交流で，普通，交流発電機によって発生され，その変化の波形もできるだけ正弦波形になるように工夫されている。基本的な交流については，第4章で学ぶことにする。

[3] うず電流

コイルと鎖交する磁束が変化すれば，電磁誘導作用によって起電力を誘導する。これは単にコイルだけではなく，金属板を貫く磁束が変化しても同様に起電力が誘導される。

図2・56(a)のように，金属板を磁束が貫いている場合，その磁束が矢印の方向で増加すると，金属板は直径の異なった無数の円形コイルの集まったものと考えられるから，レンツの法則によって，図の破線の矢印の方向の起電力を生じ，うず状の誘導電流が流れる。

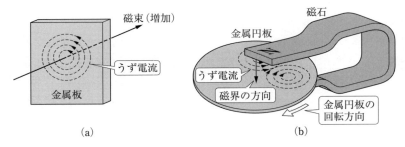

図2・56 うず電流

また，図(b)のように，磁極間で金属板を回転させたり移動させたりすると，金属板すなわち導体が磁束を切るので，起電力を生じ，図2・57の破線の矢印の方向にうず状の誘導電流が流れる。このようなうず状の誘導電流を**うず電流**（eddy current）という。

導体にうず電流が流れると，RI^2のジュール熱が発生し，損失となる。この損失を**うず電流損**（eddy-current loss）という。

このうず電流あるいはうず電流損は，交流の電気機器や直流の回転機械の鉄心部分などに生じ，効率の低下を招く。したがって，これらの鉄心には，例えば，抵抗率の高い，厚さ0.3〜0.5 mm程度のけい素鋼板を磁束と平行になるように

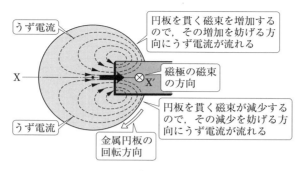

図 2·57　うず電流の発生

絶縁して積み重ねた成層鉄心や,また変化の周期が非常に短い交流(高周波交流)用の鉄心としては,細かい磁性体を絶縁して固めた圧粉鉄心(ダストコア)などが用いられる。

磁界中で回転したり移動したりする導体にうず電流が流れると,この電流と磁界との間にフレミングの左手の法則に従う方向の電磁力が生じる。この電磁力の方向は,図 2·58 のように,金属円板の回転方向,あるいは導体の移動方向と反対の方向となり,これら導体の運動を妨げる作用をする。これを**うず電流制動**と

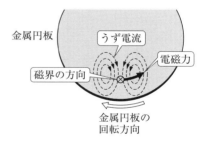

図 2·58　うず電流制動

いい,いろいろな方面,例えば,車や電車,誘導形電力量計で円盤の制動にも利用されている。

3　相互誘導作用と相互インダクタンス
[1]　相互誘導と相互誘導起電力

コイルの中を通過する磁束が変化(磁束鎖交数が変化)すると,電磁誘導作用によって,コイルに起電力が発生することは,すでに学んだとおりである。この磁束は,磁石によるものでも,または電流によるものでもかまわない。

そこで,図 2·59 のように,二つのコイル P,S を接近させて置き,電源を接

続してコイル P に電流 I を流し,これを変化させてみると,コイル P に生じる磁束も変化する。この磁束の一部がコイル S の中を通っているので,この磁束も変化し,コイル S には誘導起電力が発生する。

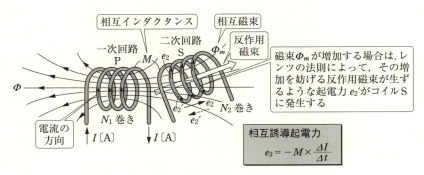

図 2・59　相互誘導

このように,接近して置かれた二つのコイルのうち,一方のコイルの電流を変化させたとき,他方のコイルに誘導起電力を発生させるような,コイル相互間の電磁誘導作用を**相互誘導**(mutual induction)といい,発生する起電力を**相互誘導起電力**という。そして,電源に接続されているコイル P 側を**一次回路**,コイル S 側を**二次回路**と呼んでいる。

[2]　相互インダクタンス

いま,コイル P,S があり,それぞれの巻数を N_1, N_2 とする。コイル P に流れる電流 I を Δt 秒間に ΔI [A] 増加させたときに,これによる磁束のうちコイル S を通る磁束(これを**相互磁束**という)が Φ_m から $\Delta\Phi_m$ [Wb] 増加したとすれば,コイル S に生じる相互誘導起電力 e_2 は,式(2・32)から,

$$e_2 = -N_2 \times \frac{\Delta \Phi_m}{\Delta t} = -\frac{\Delta \Psi_m}{\Delta t} \text{ [V]} \tag{2・37}$$

となる。ただし,$\Delta \Psi_m$ は磁束鎖交数の増加分で,$\Delta \Psi_m = N_2 \times \Delta \Phi_m$ であり,起電力の正方向は,磁束と起電力の正方向が右ねじの関係になるように定めるものとする。

この磁束鎖交数の変化率 $\Delta\Psi_m/\Delta t$ は，磁気抵抗が一定であれば，電流の変化率 $\Delta I/\Delta t$ に比例する。したがって，比例定数を M とすれば，式(2・37)は，次のようになる。

相互誘導起電力 $\quad e_2 = -M \times \dfrac{\Delta I}{\Delta t}$ 〔V〕 (2・38)

この比例定数 M を，コイル P とコイル S の間の**相互インダクタンス**（mutual inductance）といい，単位には**ヘンリー**（henry，単位記号 H）を用いる。

以上のことから，「**コイル P とコイル S の間の相互インダクタンス M〔H〕は，コイル P に，1 秒間に 1A の割合で変化する電流を流したとき，コイル S に発生する相互誘導起電力 e_2〔V〕の大きさに等しい**」ということができる。

また，式(2・37)と式(2・38)から，

$$\frac{\Delta\Psi_m}{\Delta t} = M \times \frac{\Delta I}{\Delta t}$$

$$\therefore \quad M = \frac{\Delta\Psi_m}{\Delta I} \text{〔H〕}$$

磁気抵抗が一定ならば，$\Delta\Psi_m/\Delta I = \Psi_m/I$ の関係から，次のようになる。

相互インダクタンス $\quad M = N_2\dfrac{\Phi_m}{I} = \dfrac{\Psi_m}{I}$ 〔H〕 (2・39)

このことから，「**コイル P，S 間の相互インダクタンス M は，コイル P に 1A の電流を流したとき，これによって生じた磁束の，コイル S の磁束鎖交数に等しい**」ということができる。

4 自己誘導作用と自己インダクタンス

[1] 自己誘導と自己誘導起電力

前述した相互誘導作用は，P，S 二つのコイルのうちコイル P に流れる電流の変化によってコイル S に誘導起電力が生じる現象であった（コイル S に流れる電流の変化によって，コイル P に誘導起電力が生じると考えても同じである）。しかし，コイル P の電流が変化すれば，当然コイル P 自身の磁束鎖交数も変化

し，コイル P に電磁誘導作用によって起電力が発生する。この作用を**自己誘導**（self induction）といい，この起電力を**自己誘導起電力**という。

[2] 自己インダクタンス

自己誘導起電力と相互誘導起電力は，いずれも磁束鎖交数の変化による起電力で，原理的には全く同じである。このため，相互インダクタンスと同様に，自己インダクタンスを次のように考えることができる。

いま，図 2・60 のように，N 巻きのコイルに流れる電流 I〔A〕を Δt 秒間に ΔI〔A〕増加させたとき，コイルを通る磁束 Φ が $\Delta \Phi$〔Wb〕増加したとすれば，コイルには，磁束の正方向と起電力の正方向を右ねじの関係にとれば，式(2・32)から，

$$e = -N\frac{\Delta \Phi}{\Delta t} \text{〔V〕}$$

の起電力が誘導する。そして，磁気抵抗が一定であれば，電流の変化 ΔI と磁束の変化 $\Delta \Phi$ とは比例するから，巻数 N も含めて比例定数を L とすれば，次のようになる。

自己誘導起電力 $\quad e = -L \times \dfrac{\Delta I}{\Delta t}$〔V〕 $\hfill (2\cdot40)$

この比例定数 L をそのコイルの**自己インダクタンス**（self inductance）とい

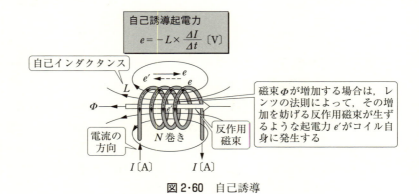

図 2・60　自己誘導

2.5 電磁誘導作用と電磁エネルギー

い，単位には，相互インダクタンスと同様に，ヘンリー〔H〕が用いられる。

したがって，自己インダクタンス L〔H〕の値は，式(2・40)から，「**コイルに1秒間に1Aの割合で変化する電流を流したとき，そのコイル自身に生じる誘導起電力 E〔V〕の大きさに等しい**」ということができる。

また，式(2・32)と式(2・40)から，

$$-N \times \frac{\Delta \Phi}{\Delta t} = -L \times \frac{\Delta I}{\Delta t}$$

$$\therefore \quad L = \frac{N \Delta \Phi}{\Delta I} \ \text{〔H〕}$$

磁気抵抗が一定ならば，$\Delta \Phi / \Delta I = \Phi / I$ の関係から，次のように表すことができる。

自己インダクタンス $\quad L = \dfrac{N\Phi}{I} = \dfrac{\Psi}{I}$ 〔H〕 　　　　　(2・41)

このことから，自己インダクタンス L は，「**コイルに1Aの電流を流したとき，これによって生じる磁束鎖交数〔Wb〕に等しい**」ということができる。

次に，図2・61のように，二つのコイルA，Bがあり，それぞれの自己インダクタンスが L_A〔H〕と L_B〔H〕で，コイルAとコイルBとの間の相互インダクタンスが M〔H〕であるとき，この二つのコイルを直列に接続したときの全体の自己インダクタンスを求めてみよう。

このコイルAとコイルBの接続法には，図(a)の和動接続と図(b)の差動接続の二つの場合がある。

図(a)の接続では，コイルAに流れる電流によってできる磁束と，コイルBに流れる電流によってできる磁束は，互いに同じ向きに生じる。したがって，全体としての自己インダクタンス L_1 は，自己インダクタンスの定義に従い，この回路に1Aの電流を流したときのコイル全体の磁束鎖交数であるから，コイルAの部分については，L_A〔Wb〕とコイルBからの M〔Wb〕の和，すなわち L_A+M〔Wb〕の磁束鎖交数となり，またコイルBの部分でも，同様に L_B+M〔Wb〕となる。したがって，全体としての磁束鎖交数は，これらの和で L_A+L_B+2M〔Wb〕となる。

これは，この回路全体の電流1A当たりの磁束鎖交数であるから，回路全体

第2章　電流と磁気

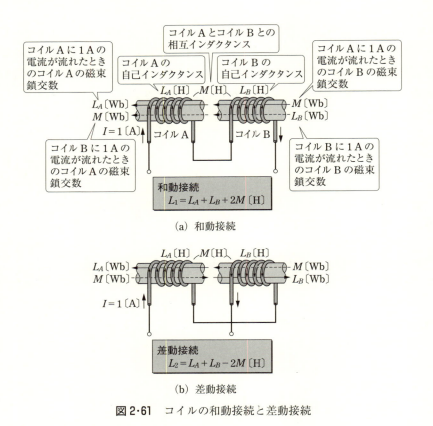

図2・61　コイルの和動接続と差動接続

の自己インダクタンス L_1 は，次のようになる。

和動接続の自己インダクタンス　$L_1 = L_A + L_B + 2M$ 〔H〕　　　　(2・42)

このように，両コイルの磁束が互いに加わり合うように接続する場合を**和動接続**という。

図(b)の接続では，コイルAに流れる電流によってできる磁束と，コイルBに流れる電流によってできる磁束は互いに反対方向になる。したがって，この回路に1Aの電流を流したとき，コイルAの部分については，L_A〔Wb〕とコイルBからの磁束 M〔Wb〕の差，すなわち，$L_A - M$〔Wb〕の磁束鎖交数となり，またコイルBの部分も同様に $L_B - M$〔Wb〕となり，全体としての磁束鎖

交数は L_A+L_B-2M〔Wb〕となる。

これは，この回路全体の，電流1A当たりの磁束鎖交数であるから，回路全体の自己インダクタンス L_2 は，次のようになる。

差動接続の自己インダクタンス $\quad L_2 = L_A+L_B-2M$ 〔H〕 $\qquad(2\cdot43)$

このように，両コイルの磁束が互いに打ち消し合うように接続する場合を**差動接続**という。

[3] 自己インダクタンスと相互インダクタンスの計算

ここで，簡単なコイルについて，自己インダクタンス，相互インダクタンスの計算をしてみよう。

(1) 環状コイルの自己インダクタンス　図2・62のように，鉄心の断面積 S〔m^2〕，磁気回路の長さ l〔m〕，透磁率 μ〔H/m〕の環状鉄心に，N 巻きのコイルを一様に巻いた場合の自己インダクタンスを考えてみよう。

コイルに I〔A〕の電流を流せば，鉄心内の磁界の強さ H〔A/m〕は，式(2・20)から，

$$H = \frac{IN}{l}\ \text{〔A/m〕}$$

となり，磁束密度 B〔T〕は，

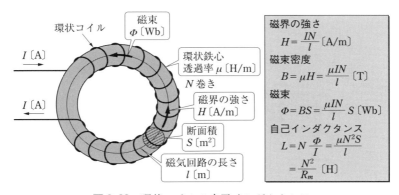

図2・62　環状コイルの自己インダクタンス

$$B = \mu H = \frac{\mu IN}{l} \, [\text{T}]$$

となる。したがって，磁束 Φ は，

$$\Phi = BS = \mu HS = \frac{\mu INS}{l} \, [\text{Wb}]$$

したがって，自己インダクタンス L は，式(2·41)から，

$$L = N \times \frac{\Phi}{I} = \frac{\mu N^2 S}{l} = \frac{N^2}{\dfrac{l}{\mu S}} = \frac{N^2}{R_m} \, [\text{H}] \tag{2·44}$$

ここに，

$$R_m = \frac{l}{\mu S} = 磁気抵抗 \, [\text{H}^{-1}]$$

(2) 細長い単層コイルの自己インダクタンス 図 2·63 のように，細長い単層巻きの空心コイルがあり，その直径 $2r$ [m]，長さ l [m] のときの自己インダクタンスを求めてみよう。この場合，簡単にするため，漏れ磁束がなく，磁界の強さは $H = \dfrac{IN}{l}$ [A/m] の平等な磁界になるとしよう。そうすると，内部の磁束 Φ [Wb] は，

$$\Phi = BS = \mu_0 HS = \mu_0 \times \frac{IN}{l} \times \pi r^2 \, [\text{Wb}]$$

したがって，自己インダクタンス L は，式(2·41)から，

$$L = N \times \frac{\Phi}{I} = \frac{\mu_0 N^2 \pi r^2}{l} \, [\text{H}] \tag{2·45}$$

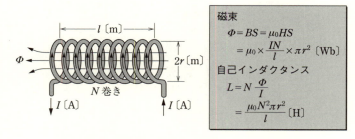

図 2·63 単層巻きコイルの自己インダクタンス

以上は，漏れ磁束がない場合を考えたが，実際には漏れ磁束があり，これを考慮する場合には，次式のようになる。

$$L' = \lambda L = \lambda \left(\frac{\mu_0 N^2 \pi r^2}{l} \right) \text{〔H〕} \tag{2・46}$$

この λ（ギリシア文字で，ラムダと読む）を**長岡係数**（Nagaoka coefficient）という。図 2・64 は，$\dfrac{2r}{l}$ に対する λ の概数を示したものである。

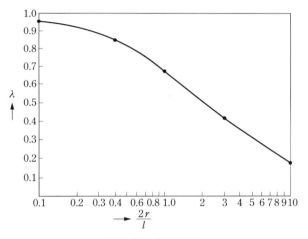

図 2・64 長岡係数

(3) 環状鉄心の二つのコイル間の相互インダクタンス 図 2・65 のように，断面積 S〔m²〕，磁気回路の長さ l〔m〕，透磁率 μ〔H/m〕の鉄心に巻数 N_1 および N_2 のコイル P および S を巻いたときの相互インダクタンスを求めてみよう。この場合，漏れ磁束はないものとする。

コイル P に I〔A〕の電流を流したときの磁界の強さは，$H = \dfrac{IN_1}{l}$〔A/m〕になるから，磁束密度を B〔T〕とすれば，相互磁束 Φ_m〔Wb〕は，

$$\Phi_m = BS = \mu HS = \mu \times \frac{IN_1}{l} \times S \text{〔Wb〕}$$

したがって，相互インダクタンス M は，式(2・39)から，

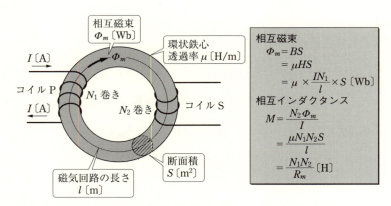

図2·65 環状鉄心に巻いた二つのコイルの相互インダクタンス

$$M = \frac{N_2 \Phi_m}{I} = \frac{\mu N_1 N_2 S}{l} = \frac{N_1 N_2}{R_m} \ [\mathrm{H}] \tag{2·47}$$

ここに，

$$R_m = \frac{l}{\mu S} = 磁気抵抗 \ [\mathrm{H^{-1}}]$$

この式は，図2·65でN_1とN_2を入れ替えても全く同じになる。したがって，一般に，相互インダクタンスは，一次あるいは二次のどちらの側から見ても等しいものである。

[4] 磁気結合係数

二つのコイルP，Sがあり，コイルPおよびコイルSはそれぞれ自己インダクタンスL_1およびL_2をもち，さらにコイルP，S間が磁気的に結合されているときは，コイルP，S間には相互インダクタンスMをもつことは，前述したとおりである。ここでは，各コイルの自己インダクタンスと相互インダクタンスの関係について調べてみよう。

図2·66のように，環状鉄心に巻数N_1，N_2の二つのコイルP，Sを巻いたとき，それぞれのコイルの自己インダクタンスがL_1〔H〕，L_2〔H〕で，これが漏れ磁束が0の状態で磁気的に結合し，その相互インダクタンスがM〔H〕であるとする。

2.5 電磁誘導作用と電磁エネルギー

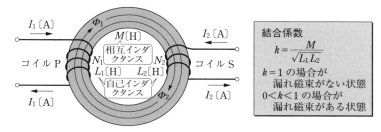

図 2・66 結合係数

いま，コイル P に I_1 [A] の電流を流したとき Φ_1 [Wb] の磁束を生じ，これが全部コイル S と鎖交するので，式(2・41)，式(2・39)から，

$$L_1 = \frac{N_1 \Phi_1}{I_1} \text{ [H]}, \quad M = \frac{N_2 \Phi_1}{I_1} \text{ [H]}$$

となる。次に，コイル S に I_2 [A] の電流を流したとき Φ_2 [Wb] の磁束を生じ，これが全部コイル P と鎖交するから，同様に，

$$L_2 = \frac{N_2 \Phi_2}{I_2} \text{ [H]}, \quad M = \frac{N_1 \Phi_2}{I_2} \text{ [H]}$$

となる。したがって，これらの式から次式を得る。

$$L_1 \times L_2 = \frac{N_1 \Phi_1}{I_1} \times \frac{N_2 \Phi_2}{I_2} = \frac{N_2 \Phi_1}{I_1} \times \frac{N_1 \Phi_2}{I_2} = M^2 \quad (2 \cdot 48)$$

$$\therefore \quad M = \sqrt{L_1 L_2} \quad (2 \cdot 49)$$

一般に，二つのコイルがあり，一方のコイルから生じた磁束が全部他方のコイルと鎖交する場合，すなわち漏れ磁束がない場合には，自己インダクタンスと相互インダクタンスの間には，式(2・49)の関係が成り立つ。

しかし，実際は漏れ磁束があるので，コイル P で発生した磁束の一部がコイル S と鎖交し，またコイル S で発生した磁束の一部がコイル P と鎖交することになる。このため，M は式(2・49)の値より小さくなる。この小さくなる割合を k とすれば，

$$M = k\sqrt{L_1 L_2} \text{ [H]} \quad (2 \cdot 50)$$

$$\therefore \quad k = \frac{M}{\sqrt{L_1 L_2}} \quad (2 \cdot 51)$$

で表すことができる。この k を**結合係数**（coupling factor）といい，この値は $0 < k \leq 1$ の範囲にある。

5 磁界に蓄えられるエネルギー

[1] 自己インダクタンスに蓄えられる電磁エネルギー

いま，図 2・67 のように，抵抗が 0 で自己インダクタンス L〔H〕のみのコイルに，t 秒間に 0 から I〔A〕まで一様な割合で増加する電流 i を流した場合を考えてみよう。

このとき，コイルに生じる自己誘導起電力は，図 2・67 の矢印の方向に一定の大きさで生じ，その大きさ E' は，

$$E' = L \times \frac{I}{t} \text{〔V〕}$$

となる。このとき，この起電力に逆らって電流 i が流れるので，$P = E'i$〔W〕の電力がこの自己インダクタンス L に供給される。この電力 P は，電流 i が時間と共に一様に増加するので，図(b)のように，時間に対して直線的に増加する。したがって，t 秒間に供給される全エネルギー W〔J〕は，図(b)の三角形 0

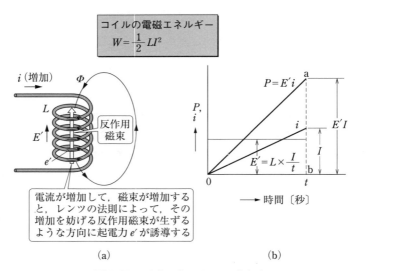

(a)　　　　　　　　　　(b)

図 2・67　電磁エネルギーの考え方

a b の面積に相当するので，

$$W = \frac{EI}{2} \times t = \frac{1}{2} \times \frac{LI}{t} \times It = \frac{1}{2}LI^2 \text{ [J]}$$

となる。

次に，このコイルの電流 I を t 秒間に一様の割合で 0 まで減少させると，誘導起電力の大きさは，前と同じ $E' = L \times (I/t)$ [V] であるが，その方向は前と反対で，電流と同じ方向である。そのため，電流 I が 0 になるまでの間に，供給されたと同じ $(1/2)LI^2$ [J] のエネルギーが電源へもどされる。

以上のことから，自己インダクタンス L [H] のコイルに電流 I [A] を流すと，電源から供給された $(1/2)LI^2$ [J] のエネルギーが電磁エネルギーとして蓄えられ，それが再びもとの電気エネルギーに変換されることがわかる。

いままでの説明では，電流が一様な割合で変化するものとして考えたが，この電磁エネルギーは，電流が途中どのような変化をたどってきたかには関係がない。一般に，コイルの自己インダクタンス L [H] に I [A] の電流が流れていれば，次の電磁エネルギーが蓄えられている。

コイルの電磁エネルギー $\quad W = \dfrac{1}{2}LI^2$ [J] $\hfill (2 \cdot 52)$

なお，普通の状態のコイルには抵抗 R [Ω] があり，電流 I [A] が流れると，RI^2 [W] のジュール損が生じるので，この損失分を常に電源から供給しなければ，電磁エネルギーを蓄えて置くことはできない。しかし，もしも抵抗が 0 の超伝導の状態でコイルを作れば，一度電源から電流を供給したあとコイルを短絡して置けば，電源をはずしても電流が流れ続け，電力を長時間電磁エネルギーとして蓄えて置き，必要なときに電力を取り出して利用することも可能となる。

例題 1　3 mH の自己インダクタンスに，電流を流して 0.15 J の電磁エネルギーを蓄えるには，何アンペアの電流を流せばよいか。

解答　求める電流を I [A] とすれば，式 (2・52) から，

$$I^2 = \frac{2W}{L} = \frac{2 \times 0.15}{3 \times 10^{-3}} = 100 \quad \therefore \quad I = \sqrt{100} = 10 \text{ A}$$

[2] 磁界に蓄えられるエネルギー

自己インダクタンス L のコイルに蓄えられる電磁エネルギーは，コイルに流れた電流によってできた磁界中に蓄えられているエネルギーである。

次に，磁界中に蓄えられるエネルギー密度について調べてみよう。

図 2・68 のように，断面積 S 〔m²〕，磁気回路の長さ l 〔m〕，透磁率 μ 〔H/m〕の環状鉄心に N 巻きの環状コイルを巻き，これに I 〔A〕の電流を流したとき Φ 〔Wb〕の磁束を生じ，漏れ磁束はないものとする。

このコイルの自己インダクタンス L 〔H〕は，式(2・44)から，

$$L = \frac{\mu N^2 S}{l} \text{〔H〕}$$

となるから，磁気回路に蓄えられるエネルギー W 〔J〕は，

$$W = \frac{1}{2}LI^2 = \frac{1}{2} \times \frac{\mu N^2 S}{l} \times I^2 = \frac{\mu}{2} \times \left(\frac{IN}{l}\right)^2 \times Sl \text{〔J〕}$$

となる。そして，$IN/l = H$, $B = \mu H$ であるから，

$$W = \frac{\mu}{2} \times H^2 \times Sl = \frac{\mu H}{2} \times H \times Sl \text{〔J〕}$$

と変形して，次式を得る。

磁界に蓄えられるエネルギー $\quad W = \dfrac{BH}{2} \times Sl = \dfrac{B^2}{2\mu} \times Sl$ 〔J〕 $\quad$ (2・53)

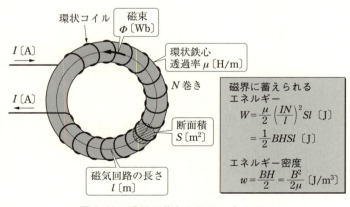

図 2・68 磁界に蓄えられるエネルギー

2.5 電磁誘導作用と電磁エネルギー

また，磁気回路の体積は Sl〔m³〕であるから，単位体積（1 m³）当たりに蓄えられるエネルギー w〔J/m³〕は，

$$w = \frac{W}{Sl} \text{〔J/m}^3\text{〕}$$

となり，これに式(2・53)を代入すると，次のようになる。

磁界のエネルギー密度　$w = \dfrac{BH}{2} = \dfrac{B^2}{2\mu} = \dfrac{1}{2}\mu H^2$ 〔J/m³〕　　　(2・54)

[3] 磁気的吸引力

前の [2] 項で述べた磁界に蓄えられたエネルギーの考えを用いて，磁気的吸引力の計算をしてみよう。

図2・69のように，空気中に置かれた電磁石に鉄片を近づければ，磁気的吸引力 F〔N〕を生じる。

いま，この吸引力 F〔N〕により，鉄片が微小距離 Δl〔m〕だけ動いたとすると，微小距離なので，動いた前後で力 F の値は不変とみなせるから，このときに $\Delta W = F\Delta l$〔J〕の仕事をする。この仕事は，鉄片が Δl〔m〕だけ動くことによって Δl〔m〕のギャップ中に蓄えられていた電磁エネルギー ΔW が機械的仕事に変換されたものと考えることができる。ギャップが平等磁界で，磁界の強さ H〔A/m〕，磁束密度 B〔T〕，鉄片と向き合っている両磁極の断面積を S〔m²〕

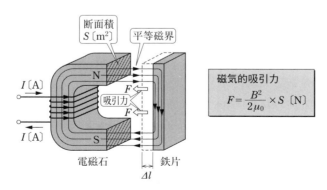

図2・69　磁気的吸引力

第2章 電流と磁気

とすると，Δl [m] のギャップの体積は $S\Delta l$ [m³] となり，この体積中に蓄えられていたエネルギー ΔW [J] は，式(2·54)から，

$$\Delta W = \frac{B^2}{2\mu_0} \times S\Delta l \text{ [J]}$$

となり，これが $F\Delta l$ に等しいから，

$$F\Delta l = \frac{B^2}{2\mu_0} \times S\Delta l$$

となり，次式を得る．

磁気的吸引力 $\quad F = \dfrac{B^2}{2\mu_0} \times S$ [N] $\hfill (2\cdot 55)$

復習問題 第2章

─── 基 本 問 題 ───

1. 真空中で $+0.2$ Wb と $+0.1$ Wb の磁極が 0.1 m 離れて置かれているとき，この磁極間に働く力の大きさと方向を求めよ．

2. 真空中に置かれた $+0.5$ Wb の磁極から 1 m 離れた点の磁界の強さはいくらか．

3. $+0.5$ Wb の点磁極から出ている全磁束数はいくらか．

4. 真空中のある点の磁界の強さが 2 A/m であるとき，その点の磁束密度はいくらか．

5. 半径 0.2 m の円形コイル（巻数1回）に 2 A の電流を流したとき，円形コイルの中心の磁界の強さはいくらか．

6. 巻数が 10 回のコイル中を通っている磁束が 0.2 秒間に一様の割合で 0.4 Wb 変化した．このコイルに誘導する起電力の大きさはいくらか．

7. 磁束密度が 0.6 T の平等磁界中を，磁界と直角に置かれた長さ 0.5 m の導体を，磁界と直角方向に 10 m/s の速度で動かしたとき，導体の両端に生ずる起電力の大きさはいくらか．

8. A，B 二つのコイルがあり，A コイルの電流が一様の割合で，1 秒間に 5 A 変化したとき，B コイルに 7.5 V の起電力が発生した。この A，B コイル間の相互インダクタンスはいくらか。

―――――――――――― 発 展 問 題 ――――――――――――

1. 比透磁率 $\mu_r = 20$ の媒質中に 2×10^{-2} Wb と 4×10^{-3} Wb の磁極が 5 cm 離れて置かれているとき，これら磁極間に働く力の大きさはいくらか。

2. 真空中で 1 m 離れて $+4$ Wb と -2 Wb の点磁極が置かれている。この両磁極を結んだ直線上の中点の磁界の強さはいくらか。

3. 磁束密度が 0.5 T の平等磁界内に長さ 50 cm の導体を磁界の方向と 30° の方向に置き，これを磁界と直角方向に 20 m/s の速度で動かしたとき，導体に誘導する起電力を求めよ。

4. 100 cm² の断面積の鉄心に 0.008 Wb の磁束が通っているとき，磁束密度はいくらか。

5. 5 cm の間隔で互いに平行に張られた長い 2 本の電線がある。その各々に 100 A の電流を流したとき，電線の長さ 1 m 当たりに作用する電流力はいくらか。ただし，電線は空気中に張られているものとする。

6. 自己インダクタンス 25 mH のコイルに，電流が一様な変化率で 1/50 秒間に 300 A 増加するものとすると，コイルに誘導する起電力はいくらか。

7. あるコイルの電流を 100 A から 0 にするとき，その瞬時に 850 J の電磁エネルギーがコイルに生じるという。このコイルの自己インダクタンスはいくらか。

―――――――――――― チャレンジ問題 ――――――――――――

1. 真空中で一辺の長さが 20 cm の正三角形の各頂点にそれぞれ $+0.1$ Wb，$+0.1$ Wb，$+0.2$ Wb の磁極を置いたとき，この三角形の重心の点における磁界の強さはいくらか。

2. 8 000 A/m の平等磁界内に長さ 12 cm，磁極の強さ 5 Wb の棒磁石が磁界の方向と 30° の向きに置かれているとき，この磁石に作用するトルクはいくらか。

3. 長い 3 本の直線状の導体を相互の間隔が 50 cm となるように正三角形の頂点で支え，各々の導体に同じ方向に 100 A の電流を流したとき，導体の長

さ 1 m 当たりに作用する力を求めよ。
4. 図 2・70 のような環状鉄心があり，断面積は円形で直径 d〔m〕である。これに，N 巻きのコイルを巻き，ある電流を通じたとき，鉄心の平均磁束密度は B〔T〕となった。このときのコイルの電流 I〔A〕はいくらか。ただし，磁気回路の透磁率を μ〔H/m〕とし，漏れ磁束はないものとする。

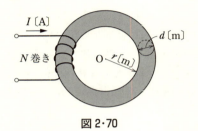

図 2・70

第3章 静電気

いままで学んだものは，導体中を移動する電荷，すなわち動電気に関するものであったが，摩擦などによって発生する電荷は，摩擦したものの表面にあり，動かない静電気である。

そこで，本章では，この静電気に関するいろいろな性質や作用について，前に学んだ磁気の場合と比べながら学習する。

ファラデー
（M. Faraday, 1791〜1867）

3.1 静電現象

1 静電気の性質と静電誘導

[1] 静電気の発生と性質

プラスチック製のシートなどを布でこすると，プラスチックシートが紙片などを吸引するようになったり，乾燥した季節には，ナイロンなどの化学繊維の下着を脱ぐとき，髪の毛が吸引されたり，ときにはパチパチという小さな音をたて，暗い所で見ると小さい火花が見えたりするのを経験することがある。

この現象は，紀元前600年ごろギリシアのターレス（Thales）が，琥珀を摩擦することによって起こることを観察していたといわれている。また，このような現象は，ガラスと絹布など，その他種々の物質の組み合わせでも起こり，摩擦によって，一方の物質の電子（負電荷）が，他方の物質に移動し，それぞれの物質が，正と負に帯電したために起こる現象である。この摩擦によって帯電した電気を**摩擦電気**（frictional electricity）と呼んでいる。

この摩擦電気は，摩擦したものの表面にあり，動かないので，**静電気**（static

第3章　静電気

electricity）と呼んでいる。この静電気は，第1章で学んだ，導体中を移動する電荷（電流），すなわち動電気に比べて性質や作用がかなり異なるものである。

　電荷には，第1章で学んだように，正（＋）と負（－）があり，帯電にも正（＋）と負（－）の場合がある。電荷の間には力が作用するので，帯電したものの間にも力が作用する。すなわち，正（＋）と正（＋）あるいは負（－）と負（－）のように同種の電荷で帯電したものの間では反発力が，正（＋）と負（－）のように異なる種類の電荷で帯電したものの間では吸引力が作用する。このように，電荷相互間に作用する力を**静電力**（electrostatic force）という。

　金属のような導体は，内部に多くの自由電子を含んでいるが，通常は正負の電荷が等量あって電気的に中性の状態になっている（図3・1(a)）。この中性の導体Aを絶縁して置き，これに，図(b)のように，例えば正電荷をもった帯電体Bを近づけると，導体Aの中の負電荷をもった自由電子は，帯電体Bの正電荷に吸引されて，Bに近い端に集まり，Bから遠い端には，正電荷が現れるようになる。このように，中性の導体に帯電体を近づけると，帯電体に近い端に帯電体と異種の電荷が，遠い端に同種の電荷が現れる現象を**静電誘導**（electrostatic induction）という。これは，磁気の場合の磁気誘導に相当する。

　静電誘導によって現れた電荷は，静電力によって生じたのであるから，この原因である帯電体を遠ざければ，もとの中性の状態にもどってしまう。しかし，静

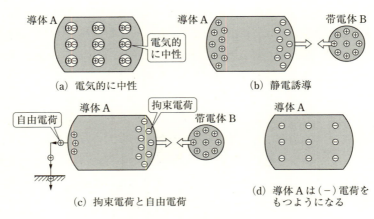

(a) 電気的に中性
(b) 静電誘導
(c) 拘束電荷と自由電荷
(d) 導体Aは（－）電荷をもつようになる

図3・1　静電誘導

電誘導で電荷が現れているときに，導体Aに手を触れるなどして，一時接地してから帯電体Bを遠ざけると，導体Aは電荷をもつようになる。これは，図(c)のように，帯電体Bの正電荷に対して，導体Aの負電荷は吸引されて動けないが，導体Aの正電荷は反発力を受けているので，手を触れると正電荷は人体を通して大地に逃げ，導体A中に負電荷だけが残ることになるからである。

このように，静電誘導によって生じた電荷のうち，拘束されて自由に動けない電荷を**拘束電荷**（bound charge）といい，自由に遊離することのできる電荷を**自由電荷**（free charge）という。

[2]　静電シールド

いままで学んできたように，帯電体の近くに導体を置くと静電誘導によって電荷が現れたり，静電力を受けたりする。そこで，図3・2のように，この導体Bのまわりを別の導体Cで囲み，これを大地につなぐ（接地する）と，導体Bは帯電体Aからの静電的な影響を受けないようになる。このように帯電体から静電的な影響を受けないようにすることを**静電シールド**（static shield）あるいは

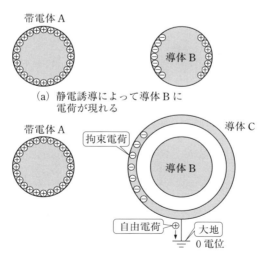

(a) 静電誘導によって導体Bに電荷が現れる

(b) 導体Bは帯電体Aからの静電的影響を受けない

図3・2　静電シールド

静電しゃへいという。

2 誘電体
[1] 誘電体

第1章で学んだように，いろいろな物質を，電流の流れやすさから分類すると，導体，半導体，絶縁体となる。このうち絶縁体は，電流の流れを阻止するものである。真空は非常に良い絶縁物であり，その他に空気，ガラス，プラスチック，油など多くの絶縁物がある。

この絶縁物は，静電気の場合には，単に電荷の移動を阻止するというだけでなく，静電的にある働きをしている媒質と考えることができる。このため，絶縁物と呼ばないで，**誘電体**（dielectric）と呼んでいる。

一般に，平常の状態の誘電体内部の原子は，正（＋）電荷をもった原子核を中心にして，いくつかの電子が回転しており，電気的に中性の状態になっていることはすでに学んだとおりである。

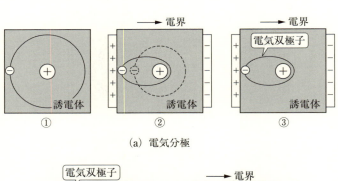

(a) 電気分極

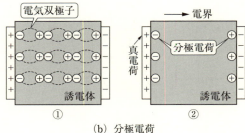

(b) 分極電荷

図3・3 電気分極と分極電荷

このいくつかの電子を1個の電子で代表させて表してみると，図3・3(a)の①のようになる。しかし，この誘電体を静電力の作用する場所（これを，3.2節で学ぶ電界という）に置くと，図の②のように電子は電界のために力を受けて電子の運動する中心は原子の中心からずれてくる。この結果，誘電体の電気的に中性であった原子は見かけのうえでは，図の③のように正，負の電荷をもった原子になり，正と負の等量の電荷を両端にもった微小の粒子（これを**電気双極子**という）とみなせる。このような状態になることを**電気分極**または誘電分極（dielectric polarization）という。

　以上は，単に1原子についてのみ考えたのであるが，誘電体全体では多くの原子がこのような電気双極子になり，図3・3(b)の①のように配列することになる。この場合，誘電体の内部では，⊕と⊖の電荷が互いに接しているので，打ち消し合って中性の状態になり，図の②のように両端に分極した電荷が現れる。

　このような電荷は，分極によって現れてくる電荷であるから，自由電子によって現れてくる**真電荷**（true electric charge）と異なり，自由に飛び出すことができない。このため，これを特に**分極電荷**（polarization charge）という。したがって，図の②のように真電荷と極性の異なる分極電荷が接していても中和して消滅することはない。また，この分極電荷の大きさは絶縁物の種類によって異なる。

　このように，静電気の場合の絶縁物は，静電誘導によって分極電荷が誘導されるので，誘電体と呼ばれているのである。

[2] 誘電率

　電流の流れ（電荷の移動）を阻止する働きだけを利用する絶縁物の場合には，その能力は絶縁抵抗（あるいは抵抗率）や，その絶縁物の厚さ1mm当たり何ボルトの電圧に耐えられるかを表す**絶縁耐力**などを知ればよかったが，誘電体として利用する場合には，このほかにその物質固有の静電的な作用を表す**誘電率**（permittivity）という値が必要になる。

　誘電率を表す記号としてはε（ギリシア文字で，イプシロンと読む）を用い，特に真空の誘電率はε_0を用いる。単位には**ファラド毎メートル**（farad per meter，単位記号F/m）が用いられる。ε_0の値は，ほぼ8.854×10^{-12}〔F/m〕であり，その他の誘電体の誘電率の値は一般にこれより大きい。

第3章　静電気

表3・1　誘電体の比誘電率

物　質	比誘電率	物　質	比誘電率	物　質	比誘電率
固体		クラフト紙	2.9	パラフィン油	2.2
アルミナ	8.5	ボール紙	3.2	変圧器油	2.2
ステアタイト	6	シリコンゴム	8.6〜8.5	ベンゼン	2.284
雲　母	7.0	天然ゴム	2.4	水	80.3572
NaCl	5.9	ネオプレンゴム	6.5〜5.7		
サファイア	9.4	パラフィン	2.2	**気体**	
水　晶	4.5			アルゴン	1.000517
ダイヤモンド	5.68	**液体**		空気（乾）	1.000536
ソーダガラス	7.5	四塩化炭素	2.24	酸　素	1.000494
鉛ガラス	6.9	シリコーン油	2.2	窒　素	1.000547
アンバー	2.8〜2.6	トルエン	2.39	二酸化炭素	1.000922
大理石	8	二硫化炭素	2.64		

〔注〕温度20℃のときの値である。

　ある誘電体の誘電率の値が，真空の誘電率の値の何倍であるかを示す値は，その物質の**比誘電率**（dielectric constant あるいは relative permittivity）といい，一般に ε_r で表している。すなわち，

$$\varepsilon_r = \frac{\varepsilon}{\varepsilon_0} \quad \text{または} \quad \varepsilon = \varepsilon_0 \varepsilon_r \tag{3・1}$$

の関係がある。各種誘電体の比誘電率を表3・1に示す。

[3]　圧電効果

　水晶（SiO_2），ロシェル塩（$KNaC_4H_4O_6 \cdot 4H_2O$），チタン酸バリウム（$BaTiO_3$），リン酸二水素カリウム（KH_2PO_4）等の結晶を板状に切り取り，この両面に力を加えてひずみを与えると，その結晶の表面に電荷が現れる。また反対に，結晶の両面に電極を付け，これに他から電圧を加えて電荷を与えると，結晶に機械的なひずみを生ずる現象がある。これらの現象を**圧電効果**（piezoelectric effect）または**ピエゾ電気効果**といい，前者を**圧電正効果**，後者を**圧電逆効果**という。このひずみと電荷の関係は，その結晶によって図3・4のような方向性をもっている。すなわち，図(a)のように，機械的なひずみ力を与えると，その力の方向と同一方向に電荷を生ずるものを**縦効果**といい，図(b)のように，ひずみ力と電荷の方

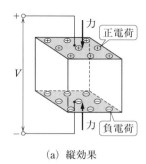
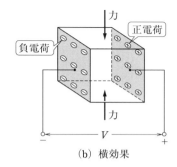

(a) 縦効果　　　　　　　　　(b) 横効果

図3・4 圧電効果

向が垂直になるものを**横効果**という。

この圧電効果は，マイクロホン，圧力計，ガス点火器，スピーカ，発信器用振動子（超音波用）その他に広く利用されている。

3.2
電界の強さと電束密度

1　静電力

二つの点電荷の間に作用する静電力は，クーロンによって実験的に次のようなことが確かめられている。

　静電力の作用する方向は，両電荷を結ぶ直線上にあり，その大きさは，両電荷の電荷の量（電気量）の積に比例し，両電荷間の距離の2乗に反比例する。

これを**静電力に関するクーロンの法則**といい，第2章で学んだ磁気力に関するクーロンの法則と対称をなす法則である。

図3・5のように，二つの点電荷[1]の電気量をそれぞれ Q_1，Q_2〔C〕，両点電荷間の距離を r〔m〕，比例定数を k とすれば，静電力 F〔N〕は，次式で表される。

=========コメント

[1]**点電荷**　電荷が1点に集中していると見られるものを**点電荷**という。実用的には，二つの電荷間の離距離に比べて，電荷の存在する部分の大きさが無視できるような電荷を考えている。

第3章 静電気

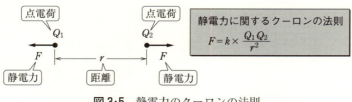

図3・5 静電力のクーロンの法則

静電力に関するクーロンの法則　$F = k \times \dfrac{Q_1 Q_2}{r^2}$ 〔N〕　　　(3・2)

電荷 Q_1, Q_2 に正負の符号を付けて静電力 F を求めた場合には，F が正の値のときには反発力，負の値のときには吸引力を表している。

また，比例定数 k の値は，これらの電荷が置かれている周囲の誘電体の種類および電荷，距離，力の単位によって定まる定数である。

いま，電荷 Q_1, Q_2 にクーロン〔C〕，距離 r にメートル〔m〕，力にニュートン〔N〕の単位を用いると，真空中または空気中では $k ≒ 9 \times 10^9$ になる。したがって，真空中または空気中の静電力 F は，次のようになる。

真空中または空気中の静電力　$F = 9 \times 10^9 \times \dfrac{Q_1 Q_2}{r^2}$ 〔N〕　　　(3・3)

また，前に学んだ真空の誘電率 ε_0 を用いると，$k = 1/(4\pi\varepsilon_0)$ となる。この真空の誘電率 ε_0 は，磁気力の場合の真空の透磁率 μ_0 に相当するものである。

電荷が真空以外の誘電体中に置かれている場合は，その誘電体の誘電率を ε とすれば，

$$F = \dfrac{1}{4\pi\varepsilon} \times \dfrac{Q_1 Q_2}{r^2} \text{〔N〕} \tag{3・4}$$

となる。また，式(3・1)の比誘電率 $\varepsilon_r = \varepsilon/\varepsilon_0$ を用いれば，$\varepsilon = \varepsilon_0 \varepsilon_r$ であるから，

$$F = \dfrac{1}{4\pi\varepsilon_0\varepsilon_r} \times \dfrac{Q_1 Q_2}{r^2} ≒ 9 \times 10^9 \times \dfrac{Q_1 Q_2}{\varepsilon_r r^2} \text{〔N〕}^{[2]} \tag{3・5}$$

となる。この比誘電率 ε_r は，真空では1，空気中もほぼ1に近い。真空以外の誘電体の比誘電率は常に1より大きい。

これらのことから，誘電体中に置かれた電荷間に働く力は，同じ電荷が同じ距離で真空中に置かれたときに働く力の，$1/\varepsilon_r$ になることがわかる[3]。

2 電界の強さと電位

[1] 電界の強さ

帯電体（電荷）の近くに，もう一つの帯電体（電荷）を置くと，その帯電体（電荷）に静電力が作用する。このように帯電体（電荷）を置いたとき，それに静電力が作用するような場所を**電界**（electric field）または**電場**という。これは磁気における磁界の考え方に相当する。このことから，帯電体（電荷）の近くには電界が生じているということができる。

電界の状態を大きさと方向で示したものを**電界の強さ**[4]（electric field strength あるいは intensity of electric field）という。この電界の強さは，次のように定義される。

その電界中に単位正電荷（+1C）を置いたとき，それに作用する力の方向をその点の電界の方向とし，これに作用する力の大きさをその点の電界の大きさとする。

したがって，電界の強さは，前述した磁界の強さと同様に，大きさと方向をもったベクトル量である。

━━━━━━━━━━━━━━━━━━━━━━━━━━━━━━━━━━ コメント

[2] $1/4\pi\varepsilon_0 \fallingdotseq 9\times10^9$ $\varepsilon_0 = 8.854\times10^{-12}$ 〔F/m〕であるから，

$$\frac{1}{4\pi\varepsilon_0} = \frac{1}{4\pi\times 8.854\times 10^{-12}} \fallingdotseq 9\times 10^9$$

となる。

[3] 図3・3からわかるように，電界中の誘電体には分極電荷が生じて，それぞれが作用して静電力を減少させる。

[4] **電界の強さ** 原理的には，その点にもとの電界を乱さないような微小正電荷を置き，この微小正電荷に作用する力を，単位正電荷（+1C）当たりに換算した力で，その点の電界の強さを表す。

なお，電界の強さを単に電界という場合もある。また，電界の強さと同じように，電界の強さと電界の大きさを特に区別せず，特別の場合を除き簡単に電界の強さということにする。

第3章 静電気

電界の単位としては，1クーロン〔C〕当たりのニュートン〔N〕数であるから，ニュートン毎クーロン〔N/C〕となるはずであるが，換算して内容的にこれと等価な**ボルト毎メートル**（volt per meter，単位記号 V/m）[5]を用いる。

次に，図3・6のように，真空または空気中に $+Q$〔C〕の点電荷を置いた場合，これから r〔m〕離れた点Pの電界の強さ E を求めてみよう。

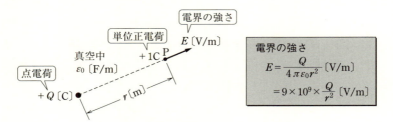

図3・6 電界の強さ

電界の定義により，点Pの電界の強さは，点Pに単位正電荷（+1C）を置いたとき，これに作用する静電力である。これは見方をかえると，$+Q$〔C〕と $+1$〔C〕の二つの点電荷が r〔m〕離れて置かれた場合に作用する静電力を求めることになるから，クーロンの法則の式(3・4)から，

$$F = \frac{Q}{4\pi\varepsilon_0 r^2} = 9\times 10^9 \times \frac{Q}{r^2} \quad \text{〔N〕}$$

となり，点Pの電界の強さ E〔V/m〕は，単位正電荷（+1C）当たりの静電力 F〔N〕であるから，次のようになる。

電界の強さ $\quad E = \dfrac{1}{4\pi\varepsilon_0} \times \dfrac{Q}{r^2} = 9\times 10^9 \times \dfrac{Q}{r^2} \quad$〔V/m〕 　　　　(3・6)

======コメント

⑤ 〔N/C〕→〔V/m〕

$$\left[\frac{N}{C}\right] = \left[\frac{N\cdot m}{C\cdot m}\right] = \left[\frac{J}{C\cdot m}\right] \quad (\because \ \text{〔N·m〕} = \text{〔J〕})$$

となり，また〔J〕=〔V·C〕であるから，

$$\left[\frac{N}{C}\right] = \left[\frac{V\cdot C}{C\cdot m}\right] = \left[\frac{V}{m}\right]$$

3.2 電界の強さと電束密度

電界の方向は，両電荷とも正電荷であるので反発力で，$+Q$〔C〕の点電荷から放射状の外向きである。

電界の強さ E〔V/m〕の点に $+Q$〔C〕の電荷を置いたとき，この電荷に作用する力の大きさ F〔N〕は，次のようになる。

電界中の電荷に加わる力 $\quad F = QE$〔N〕 $\hspace{4em}$ (3・7)

その力の方向は，その点の電界の方向となる。また，この点に電荷 $-Q$〔C〕を置いた場合には，力の大きさは同じで，方向はその点の電界の方向と反対になる。この式は電界の強さ E を定義する式として重要である。磁界の $F = mH$ 式(2・4)に相当するものである。

多数の点電荷があり，それらによって，ある点に生じる電界の強さを求めるには，それぞれの点電荷が単独にあるとして，それらによるその点の電界の強さのベクトルを別々に求めて，これらのベクトルを合成（ベクトル和）すればよい。

例題 1 空気中に $2\,\mu\mathrm{C}$ の点電荷が置かれているとき，点電荷から $20\,\mathrm{cm}$ 離れた点の電荷の強さはいくらか。

解答 求める電界の強さ E〔V/m〕は，式(3・6)から，

$$E = 9 \times 10^9 \times \frac{Q}{r^2} = 9 \times 10^9 \times \frac{2 \times 10^{-6}}{0.2^2} = 4.5 \times 10^5\,\mathrm{V/m}$$

例題 2 真空中に $\sqrt{2}\,\mathrm{m}$ 離して $3\,\mu\mathrm{C}$ および $-4\,\mu\mathrm{C}$ の点電荷を置いたとき，それぞれの点電荷から $1\,\mathrm{m}$ 離れた点 P の合成の電界の大きさはいくらか。

解答 まず，$3\,\mu\mathrm{C}$ の点電荷が $1\,\mathrm{m}$ 離れた点 P に及ぼす電界の大きさ E_1〔V/m〕は，式(3・6)から，

$$E_1 = 9 \times 10^9 \times \frac{Q}{r^2} = 9 \times 10^9 \times \frac{3 \times 10^{-6}}{1^2} = 27 \times 10^3\,\mathrm{V/m}$$

となり，その方向は反発力の方向となる。

次に，$-4\,\mu\mathrm{C}$ の点電荷が $1\,\mathrm{m}$ 離れた点 P に及ぼす電界の大きさ E_2〔V/m〕は，同様に，

$$E_2 = 9 \times 10^9 \times \frac{-4 \times 10^{-6}}{1^2}$$
$$= -36 \times 10^3 \text{ V/m}$$

となり，その方向は，吸引力の方向である。

したがって，それぞれの点電荷が点Pに及ぼす合成の電界の強

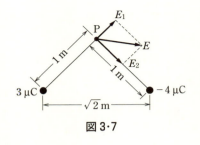

図3・7

さEは，これらのベクトル和である。電界の大きさE〔V/m〕は，E_1とE_2が図3・7のように直交するから，三平方の定理（ピタゴラスの定理）によって，

$$E^2 = E_1{}^2 + E_2{}^2$$
$$\therefore E = \sqrt{E_1{}^2 + E_2{}^2} = \sqrt{(27 \times 10^3)^2 + (-36 \times 10^3)^2} = 45 \times 10^3 \text{ V/m}$$

[2] 電位・電位差

電界中の点Pに電荷を置くと電荷に力が作用する。そして，電荷が動ける状態であれば，電荷は電界が0の点まで動いて仕事をする。これは，電界中に置かれた電荷は位置のエネルギーをもっているためである。この位置のエネルギーの大きさは，単位正電荷（+1C）を電界の強さが0のところから点Pまでもってくるのに要する仕事量で表すことができる。この値を点Pの**電位**といい，仕事の単位にジュール〔J〕を用いるとジュール毎クーロン〔J/C〕の単位となるが，これをボルト〔V〕で表す。すなわち，**電界中のある点の電位は，その点における単位正電荷（+1C）のもつ位置のエネルギー〔J〕で表し，単位にはボルト〔V〕を用いる。**

電界中に点P_1，P_2があり，それぞれの電位がV_1およびV_2〔V〕であるとしたとき，これらの電位の差$V_{12} = V_1 - V_2$を**電位差**といい，$V_1 > V_2$であれば，点P_2の電位より点P_1の電位のほうが高いという。

図3・8のように，誘電率ε〔F/m〕の誘電体の中にQ〔C〕の点電荷を置いたとき，この点電荷からr〔m〕離れた点Pの電位V〔V〕は，理論上次式となる。

3.2 電界の強さと電束密度

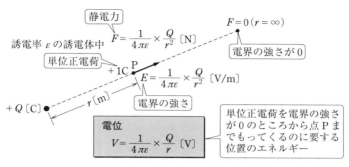

図 3·8 電位の考え方

電位 $\quad V = \dfrac{Q}{4\pi\varepsilon r} = \dfrac{Q}{4\pi\varepsilon_0 \varepsilon_r r} = 9 \times 10^9 \times \dfrac{Q}{\varepsilon_r r}$ 〔V〕 $\quad\quad$ (3·8)[6]

したがって，点電荷 Q〔C〕による電位 V〔V〕は，距離 r〔m〕に反比例するから，電位 V と距離 r の関係をグラフで示すと，図 3·9 のように双曲線となる。また，このとき，点 P_1 および点 P_2 の電位を V_1 および V_2〔V〕とすれば，

$$V_1 = \dfrac{Q}{4\pi\varepsilon r_1} \text{〔V〕}, \quad\quad V_2 = \dfrac{Q}{4\pi\varepsilon r_2} \text{〔V〕}$$

となり，この電位の差 $V_{12} = V_1 - V_2$ は，次のようになる。

━━━━━コメント

[6] **電位** Q〔C〕の点電荷から x〔m〕離れた点 P の電界の強さを E_x とすれば，式 (3·6) から $E_x = \dfrac{Q}{4\pi\varepsilon x^2}$〔V/m〕である。この電界中に $+1$C を置くと，力：$F_x = \dfrac{Q}{4\pi\varepsilon x^2}$〔N〕が働く。この力にさからって Δx〔m〕移動させるのに用する仕事：$\Delta V = F_x \Delta x$ である。ゆえに，$x = \infty$ 遠点から $x = r$〔m〕の点まで，運ぶのに用する仕事は，積分を用いて次のようになる。∞ 遠点の電位を 0V（電位零）としている。

$$V = -\int_{\infty}^{r} F_x \, dx = \int_{r}^{\infty} F_x \, dx = \int_{r}^{\infty} \dfrac{Q}{4\pi\varepsilon x^2} \, dx = \dfrac{Q}{4\pi\varepsilon r} \text{〔V〕}$$

第3章 静電気

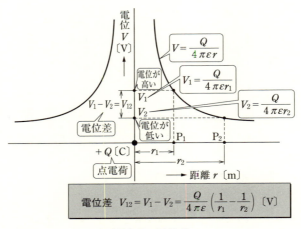

図3・9 電位差

電位差 $\quad V_{12} = V_1 - V_2 = \dfrac{Q}{4\pi\varepsilon}\left(\dfrac{1}{r_1} - \dfrac{1}{r_2}\right)$ 〔V〕 (3・9)

　この電位の差 $V_{12} = V_1 - V_2$ が P_1P_2 間の電位差となる。また，図3・9のような場合には $V_1 > V_2$ であるから，点 P_1 の電位が点 P_2 の電位より高い。

　電位の定義により，電位差 V_{12} は単位正電荷（+1C）のもつ位置のエネルギーの差であるから，電位の高い点 P_1 から電位の低い点 P_2 まで単位正電荷が移動すれば $(V_1 - V_2)$ 〔J〕の仕事をする。したがって，もしも Q 〔C〕の電荷が移動すれば $Q(V_1 - V_2)$ 〔J〕の仕事をすることになる。

　なお，電位は，電界の強さと異なり，方向をもたないので，スカラー量である。したがって，帯電体が2個以上存在している場合の，ある点の電位は，それらの帯電体が単独に存在したと考え，その点の電位をそれぞれ別々に求めて，それらの代数和を求めればよい。

例題3　例題2において，点 P の電位はいくらか。

解答　まず，3μC の点電荷による点 P の電位 V_1 〔V〕は，

$$V_1 = \frac{Q}{4\pi\varepsilon_0 r} \fallingdotseq 9\times 10^9 \times \frac{Q}{r} = 9\times 10^9 \times \frac{3\times 10^{-6}}{1} = 27\times 10^3 \text{ V}$$

同様に，$-4\,\mu\text{C}$ の点電荷による点 P の電位 V_2〔V〕は，

$$V_2 = 9\times 10^9 \times \frac{-4\times 10^{-6}}{1} = -36\times 10^3 \text{ V}$$

したがって，$3\,\mu\text{C}$ と $-4\,\mu\text{C}$ の二つの点電荷が存在する場合の点 P の電位 V〔V〕は，これらの和であるから，

$$V = V_1 + V_2 = \{27 + (-36)\} \times 10^3 = -9\,000 \text{ V}$$

[3] 等電位面

電界内で，電位の等しい点を連ねてできる面を**等電位面**（equipotential surface）という。これは，ちょうど地図の等高線あるいは天気図の等圧線のようなもので，等電位面を考えることによって電界の電位分布をはっきり知ることができる。

同じ等電位面上では，単位正電荷のもつ位置のエネルギーはどこでも等しいから，この面上で電荷をどのように移動させても仕事はしない。点電荷 $+Q$〔C〕が 1 個だけ置かれている場合の等電位面は，図 3・10 のように，この電荷を中心とした同心球面となる。

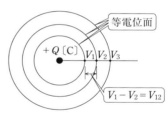

図 3・10 等電位面

3 電束・電束密度
[1] 電気力線

第 2 章で，磁界の様子や磁気的な作用を考えるのに，磁力線や磁束などを考えたが，静電気の場合もこれと同様に，電界の状態や作用を知るのに**電気力線**（line of electric force）を仮想し，次のように約束する。

① 電気力線は，正電荷から出て負電荷に入る。

② 電気力線は，磁力線と同じように引っ張られたゴムのように縮もうとする性質がある。

③ 同方向の電気力線どうしは互いに反発し，逆方向の電気力線どうしは互い

第3章　静電気

に吸引し合う。
④　電気力線上の任意の点の接線の方向が，その点の電界の方向を表す。
⑤　電気力線に垂直な面に対する電気力線密度が，その点の電界の強さを表す。
⑥　電気力線どうしは互いに交差しない。
⑦　電気力線と等電位面とは互いに直角に交わる。

　この約束に従って2個の電荷による電気力線の分布を示すと，図3・11のようになる。図(a)の点Pの電界の方向は，その点の接線の方向に矢印をつけて表される。また，図3・12のように，電気力線に垂直な $1\,\mathrm{m}^2$ の断面積を n〔本〕の電気力線が通って，電気力線密度が n〔本/m^2〕になっていれば，その点の電界の強さは $E = n$〔V/m〕であることを表している。

　次に，真空中に置かれた $+Q$〔C〕の電荷から出る電気力線数を考えてみよ

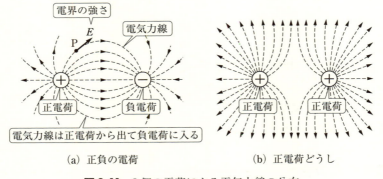

(a) 正負の電荷　　　　(b) 正電荷どうし

図3・11　2個の電荷による電気力線の分布

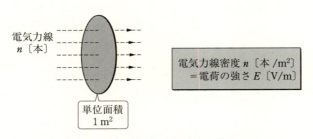

図3・12　電気力線と電界の強さ

3.2 電界の強さと電束密度

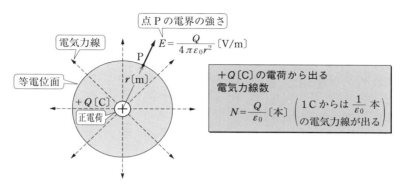

図3・13 $+Q$〔C〕の電荷から出る電気力線数

う。$+Q$〔C〕の電荷が単独にある場合は，電気力線は図3・13のように対称的に放射状に出ている。この場合，電荷を中心として半径r〔m〕の球面を考えると，この面上では電気力線密度はどこも同じ，すなわち電界の強さE〔V/m〕はどこも同じで，

$$E = \frac{Q}{4\pi\varepsilon_0 r^2} \text{〔V/m〕}$$

となり，その方向は球面に垂直で外に向かっている。電界の強さと電気力線密度が等しいから，球面全体を通って外に出る全電気力線数，すなわち$+Q$〔C〕の電荷から出る全電気力線数Nは，電気力線密度に球の表面積をかければよいから，次式のようになる。

$$N = \frac{Q}{4\pi\varepsilon_0 r^2} \times 4\pi r^2 = \frac{Q}{\varepsilon_0} \text{〔本〕} \tag{3・10}$$

もしも，この電荷が誘電率$\varepsilon(=\varepsilon_0\varepsilon_r)$〔F/m〕の誘電体中に置かれている場合には，次式のようになる。

$$N = \frac{Q}{\varepsilon} = \frac{Q}{\varepsilon_0\varepsilon_r} \text{〔本〕} \tag{3・11}$$

[2] 電束・電束密度

式(3・11)からわかるように，電気力線の数は，同じ電荷であっても，その電荷の置かれた誘電体の誘電率の値によって異なる。そこで，磁気の場合に，同一の磁極からは，まわりの媒質の透磁率の値のいかんにかかわらず，同じ数の磁束が

出ると考えたように，静電気の場合も，まわりの誘電体の誘電率の値に関係なく，電荷の値だけに関係する数の線を考え，これを**電束**（electric flux）という。この電束は，図 3・14 に示すように，「**+Q〔C〕の電荷からは Q〔C〕の電束が出て −Q〔C〕の電荷に入る**」と約束する。

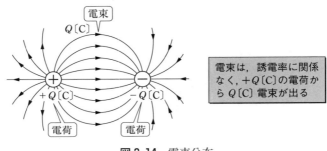

図 3・14　電束分布

また，電束の模様は，電気力線の模様と相似であり，その定性的な性質も電気力線と同様である。

ある点で電束に垂直な単位面積（1 m²）当たりに通過する電束をその点の**電束密度**（electric flux density）といい，記号 D で表し，単位には**クーロン毎平方メートル**（coulomb per square meter，単位記号 C/m²）が用いられる。

電束 1〔束〕は，$\left(\dfrac{1}{\varepsilon}\right)$〔本〕の電気力線を束ねたものと考えるとよい。

次に，電界中の電気力線と電束との関係を調べてみよう。図 3・15 のように，誘電率 ε〔F/m〕の誘電体中に Q〔C〕の点電荷が置かれた場合，Q〔C〕の電束が放射状に出ているから，この電荷を中心に半径 r〔m〕の球面上の電束密度 D〔C/m²〕は，

$$D = \frac{Q}{4\pi r^2} \;[\text{C/m}^2]$$

となる。また，この球面上の電気力線密度，すなわち電界の強さ E〔V/m〕は，次式のようになる。

$$E = \frac{Q}{4\pi\varepsilon r^2} = \frac{Q}{4\pi r^2} \times \frac{1}{\varepsilon} = \frac{D}{\varepsilon} \;[\text{V/m}] \tag{3・12}$$

式(3・12)から，次の関係が得られる。

3.2 電界の強さと電束密度

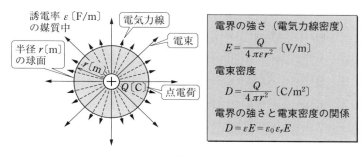

図 3・15　電気力線と電束

電界の強さと電束密度の関係　$D = \varepsilon E = \varepsilon_0 \varepsilon_r E$ 〔C/m²〕　　　(3・13)

この式 $D = \varepsilon E$ は，電束1〔束〕は電気力線 $\left(\dfrac{1}{\varepsilon}\right)$ を束ねたものであると定義した重要な式で，磁気における $B = \mu H$（式 2・12）に相当するものである。

[3]　平等電界中の電界と電位差

図 3・16 のように，A，B，2枚の平行な電極板の間に誘電体を入れ，この電極板のおのおのに $+Q$〔C〕および $-Q$〔C〕の電荷を与えたとき，A－B電極間の電位差が V〔V〕であったとする。このときの電極間の電気力線あるいは電束は，図のように，電極の端の部分を除いて，同一密度になる。したがって，この電極間の電界の強さはどこも同じになる。

このように，どこも同じ強さの電界を**平等電界**（uniform electric field）という。

いま，この平等電界の強さを E〔V/m〕とすると，ここに＋1Cの単位正電荷を置くと，この電荷には $F = E$〔N〕の静電力が電界の方向に作用する。したがって，この電荷が電極 A から電極 B に向かって，l〔m〕移動すれば，電荷は $Fl = El$〔J〕の仕事をする。この仕事が A-B 間の電位差 V〔V〕になるから，

$$V = El \text{ 〔V〕}$$

となる。ゆえに，電界の強さ E〔V/m〕は，次のようになる。

第3章　静電気

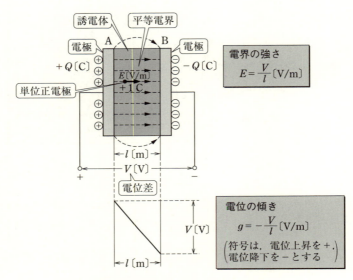

図3・16 電界の強さと電位の傾き

$$電界の強さ \quad E = \frac{V}{l} \,[\text{V/m}] \tag{3・14}$$

このことから，**電界の強さ** E [V/m] は，1 m 当たりの電位差 V [V] で表されることになる。いままで電界の強さの単位として V/m を用いてきた理由は，このためである。

[4] 電位の傾き

電界中では場所により電位が変化するが，平等電界では，図3・16のように直線的な変化となる。この場合，坂道のこう配と同じように，電位のこう配を考え，これを**電位の傾き**（potential gradient）という。この電位の傾きは電界の方向に単位長さ進んだときの電位の増加する割合で表す。図3・16の場合では，電界の方向に，距離 l [m] 進んだとき，電位は V [V] 下がるから，$-V$ [V] の電位の増加と考え，電位の傾き g [V/m] は，次のようになる。

3.3 静電容量とその回路

> 電位の傾き　$g = -\dfrac{V}{l} = -E$　〔V/m〕　　　　　(3・15)

このように，電位の傾きは，その点の電界の強さの絶対値と等しく符号が反対となる。

例題 4　空気中に $0.3\,\mathrm{cm}^2$ の面に垂直に $6\times 10^{-12}\,\mathrm{C}$ の電束が通っているとき，電束密度はいくらか。また，その点の電界の強さはいくらか。

解答　単位面積当たりの電束が電束密度 D であるから，
$$D = \frac{6\times 10^{-12}}{0.3\times 10^{-4}} = 0.2\times 10^{-6} = 0.2\,\mathrm{\mu C/m^2}$$

また，その点の電界の強さ E 〔V/m〕は，式(3・12)から，
$$E = \frac{D}{\varepsilon_0} = \frac{0.2\times 10^{-6}}{8.854\times 10^{-12}} = 2.3\times 10^4\,\mathrm{V/m}$$

例題 5　空気中に2枚の平行板電極を $5\,\mathrm{mm}$ 離して置き，これに $1\,000\,\mathrm{V}$ の電圧を加えたときの電位の傾きと電束密度はいくらか。

解答　まず，電位の傾き g は，式(3・15)から，
$$g = -\frac{V}{l} = \frac{-1\,000}{5\times 10^{-3}} = -200\times 10^3\,\mathrm{V/m}$$

この電位の傾きの絶対値は，電界の強さ E に等しいから，電束密度 D 〔C/m²〕は，式(3・13)から，
$$D = \varepsilon_0 E = 8.854\times 10^{-12}\times 200\times 10^3 = 1.770\times 10^{-6}\,\mathrm{C/m^2}$$

3.3 静電容量とその回路

1　静電容量とコンデンサ
[1]　静電容量
(1) **孤立導体の静電容量**　一般に，誘電体中に孤立して置かれた導体に，電荷 Q

〔C〕を与えると，導体はある電位 V〔V〕をもつようになる。また，反対に，この導体に電位 V〔V〕を与えると，ある量の電荷 Q〔C〕をもつようになる。そして，この電位 V〔V〕と電荷 Q〔C〕との間には，比例関係が成立し，比例定数を C とすると，次のようになる。

$$Q = CV \qquad (3\cdot16)$$

この比例定数 C は，導体の形や導体のまわりの誘電体の誘電率などによって定まるもので，これを**静電容量**（electrostatic capacity）という。

この式は，底面積 C のコップ（容器）に高さ V まで水を入れたとき，水の量：$Q = CV$ となることに対比して記憶するとよい。C は電荷 Q をためる容器の底面積に相当している。

静電容量 C は，$C = Q/V$ から〔C/V〕の単位であるが，これを**ファラド**（farad，単位記号 F）としている。

このファラドの単位は，実用的には大きすぎるので，**マイクロファラド**（microfarad，単位記号 μF）や，**ピコファラド**（picofarad，単位記号 pF）用いられる。

$$1\,\mu F = 10^{-6}\,F$$
$$1\,pF = 10^{-12}\,F$$

(2) 導体間の静電容量　次に，絶縁して置かれた二つの導体間の静電容量について考えてみよう。図 3・17 のように，a，b，2 枚の導体の板を平行に向かい合わせて置き，導体 b を大地につないで零電位にして置く。いま，導体 a に $+Q$〔C〕の電荷を与えて，a の電位が V〔V〕になったとすれば，導体 b には静電誘導によって $-Q$〔C〕の電荷が誘導される。これは，ちょうど図(b)のように，a，b，2 枚の導体板の間に V〔V〕の電圧を与え，導体 a に $+Q$〔C〕，導体 b に $-Q$〔C〕の電荷が蓄えられたときと全く同じである。このことから，二つの導体間に V〔V〕の電圧を加え，一方の電極に $+Q$〔C〕，他方の電極に $-Q$〔C〕の電荷が蓄えられたとき，この二つの導体間の静電容量 C〔F〕は，

$$C = \frac{Q}{V}\,\text{〔F〕}$$

となる。したがって，「1 F の静電容量とは，二つの導体間に 1 V の電圧を与え

3.3 静電容量とその回路

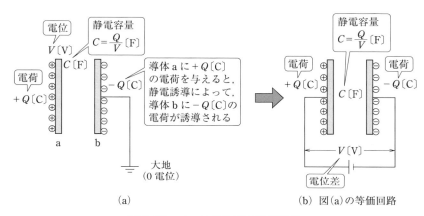

図 3・17　二つの導体間の静電容量

たとき，1Cの電荷を蓄える能力（容量）を表す」ということができる。

[2]　静電容量の計算

次に，基本的なものについて静電容量の計算をしてみよう。

(1) 孤立した導体球の静電容量　真空中または空気中に置かれた半径 r〔m〕の導体球に Q〔C〕の電荷を与えると，図 3・18 のように，電気力線は対称的に一様に放射する。したがって，導体球の外部に対しては，電荷がちょうど導体球の中心 O にあるときと同様な電気力線の分布となる。中心 O から r〔m〕離れた導体球の表面上の電位 V〔V〕は，式(3・8)から，

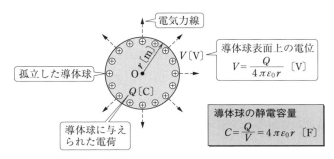

図 3・18　導体球の静電容量

$$V = \frac{Q}{4\pi\varepsilon_0 r} \text{ [V]}$$

となり，この値は導体球の全体で同じである。

したがって，この場合の導体球の静電容量 C [F] は，式(3·16)から次のようになる。

導体球の静電容量 $\quad C = \dfrac{Q}{V} = 4\pi\varepsilon_0 r$ [F] (3·17)

また，この導体球が誘電率 ε (あるいは比誘電率 $\varepsilon_r = \varepsilon/\varepsilon_0$) の誘電体中に置かれた場合の静電容量 C' [F] は，

$$C' = 4\pi\varepsilon r = 4\pi\varepsilon_0\varepsilon_r r = \varepsilon_r C \text{ [F]} \tag{3·18}$$

となり，真空中の場合の静電容量の，比誘電率 ε_r 倍となる。

また，半径 r [m] の導体球およびその周囲の電位は，図3·19のようになる。

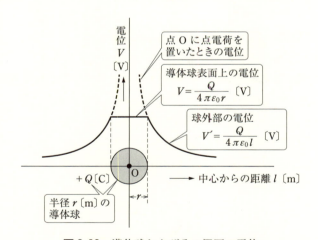

図3·19 導体球およびその周囲の電位

例題 1 地球の静電容量を求めよ。ただし，地球は半径を 6 350 km の導体とする。

解答 地球は導体球と考えられ，その周囲は空気の層があり，その外は真空であるから，$\varepsilon_0 = 8.854 \times 10^{-12}$ F/m となる．したがって，静電容量を C 〔F〕とすれば，式(3·17)から，

$$C = 4\pi\varepsilon_0 r = 4\pi \times 8.854 \times 10^{-12} \times 6\,350 \times 10^3$$
$$\fallingdotseq 706.5 \times 10^{-6} \text{ F} \fallingdotseq 706 \text{ μF}$$

(2) 2枚の平行金属板間の静電容量 図3·20のように，面積 S〔m²〕の2枚の平行金属板の間隔 l〔m〕に，誘電率 ε〔F/m〕の誘電体を入れたときの静電容量 C を求めてみよう．

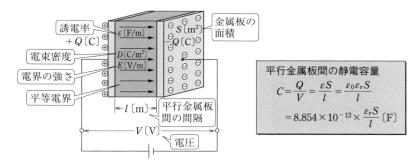

図 3·20 平行金属板間の静電容量

図のように，2枚の金属板の間に V〔V〕の電圧を加えると，金属板上にそれぞれ $+Q$〔C〕と $-Q$〔C〕の電荷が蓄えられ，極板の端の部分を除けば金属板間は平等電界となる．いま，金属板間がすべて平等電界であるとみなせば，この部分の電束密度 D は，$D = Q/S$〔C/m²〕であるから，電界の強さ E〔V/m〕は，式(3·12)から，

$$E = \frac{D}{\varepsilon} = \frac{Q}{\varepsilon S} \text{ 〔V/m〕}$$

となる．したがって，電位差 V は，式(3·14)から，

$$V = El = \frac{Q}{\varepsilon S} \times l \text{ 〔V〕}$$

となる．ゆえに，静電容量 C は，式(3·16)から，次のようになる．

第3章 静電気

平行金属板間の静電容量

$$C = \frac{Q}{V} = \frac{\varepsilon S}{l} = \frac{\varepsilon_0 \varepsilon_r S}{l} \; [\text{F}]$$
$$= 8.854 \times 10^{-12} \times \varepsilon_r \times \frac{S}{l} \; [\text{F}] \tag{3・19}$$

したがって，一般的に，次のことがわかる。

図3・21のように，電極間に比誘電率 ε_r の誘電体を用いたときの静電容量は，その誘電体を除いて真空にしたときの静電容量の，比誘電率 ε_r 倍になる。

$$\frac{C}{C_0} = \frac{\varepsilon}{\varepsilon_0} = \varepsilon_r$$

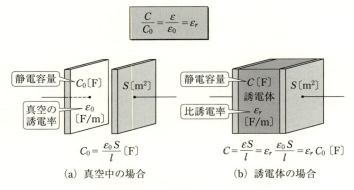

(a) 真空中の場合　　　(b) 誘電体の場合

図3・21 静電容量と比誘電率

このことから，前述したように，比誘電率は，その誘電体を用いたときの静電容量が，それを用いない真空のときの静電容量の何倍かを表す値であるということができる。

[3] コンデンサ

誘電体で隔てられた，二つの導体間には静電容量があり，この導体間に電圧を加えれば，電荷を蓄えることができる。このことは，3.4節で学ぶようにエネルギーが蓄えられることである。この静電容量を利用する目的で作られたものを**コンデンサ**（condenser）（**キャパシタ**（capacitor）ともいう）といい，抵抗，コイルと共に重要な電気回路素子である。このコンデンサには，いろいろな種類の

ものがあり，電力関係，各種エレクトロニクス回路などに広く利用されている。

コンデンサは，特殊な場合を除き平行電極板間の静電容量を利用するものが多い。この平行電極板間の静電容量 C は，式(3·19)から，

$$C = \frac{\varepsilon S}{l} \,[\mathrm{F}]$$

となるから，静電容量 C の大きいコンデンサを作るには，電極板面積 $S\,[\mathrm{m}^2]$ を大きく，極板間の間隔 $l\,[\mathrm{m}]$ を小さく，誘電率 $\varepsilon\,[\mathrm{F/m}]$ の大きい誘電体を用いればよいことになる。しかし，極板間の間隔 l は極板間に加える電圧に十分耐えられるだけの，誘電体の厚さによって決められ，また誘電体の種類は，使用目的によって性質や価格などの関係から定まる場合が多い。

[4] コンデンサの種類と構造

コンデンサは，使用電圧，用途，使用している誘電体の種類，構造などの違いにより，いろいろのものがある。

(1) 構造による分類　構造によって分類すると，巻回形コンデンサ，積層形コンデンサ，電解形コンデンサなどがある。

① **巻回形コンデンサ**　図 3·22(a)のように，長い紙などの誘電体（絶縁物）の両面に金属はくをはり，これを誘電体で絶縁して，小形にするため筒型に巻いたもので，一番外側の部分を除いて金属はくの両面が対向面積として利用される。

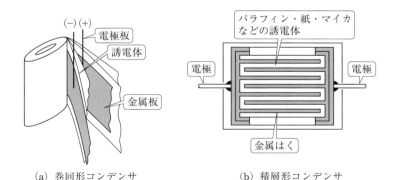

(a) 巻回形コンデンサ　　(b) 積層形コンデンサ

図 3·22　巻回形コンデンサと積層形コンデンサの構造

② **積層形コンデンサ** 図3・22(b)のように，すずやアルミニウムなどの金属はくと誘電体を交互に重ね，これを並列に接続した構造のものである。

③ **電解コンデンサ** 高純度のアルミニウムなどの金属を陽極とし，電解液中で電流を流したとき，その表面に生成される酸化金属を誘電体とするコンデンサである。一般に小形で大容量が得られるが，極性があり，普通は直流回路専用である。

(2) 誘電体の種類による分類 使用されている誘電体によって分類すると，空気コンデンサ，紙コンデンサ，マイカコンデンサ，プラスチックコンデンサ，磁器コンデンサなどがある。

図3・23は，マイカコンデンサと磁器コンデンサの構造を示したものである。

紙コンデンサなどでは，使用中湿気を含んで絶縁不良を起こすのを防ぐため，真空中で加熱乾燥した後，パラフィンあるいは絶縁油を含ませる。この処理のしかたで，パラフィンコンデンサ，油入コンデンサなどと呼ばれる。

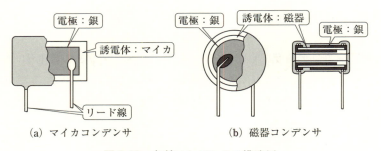

(a) マイカコンデンサ　　(b) 磁器コンデンサ

図3・23　各種コンデンサの構造例

(3) 静電容量の変化の仕方による分類 コンデンサを使用する場合，用途によっては静電容量を変化させたい場合がある。このような場合，静電容量の変化できるコンデンサを**可変コンデンサ**（variable capacitor）または**バリコン**という。これに対して，静電容量が一定のコンデンサを**固定コンデンサ**（fixed capacitor）という。

なお，可変コンデンサの一種に，可変容量ダイオードがある。これは，半導体の性質を応用したもので，電極間に加えた電圧の大きさによって静電容量が変化するものである。

3.3 静電容量とその回路

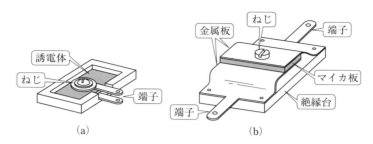

図3·24 半固定コンデンサ

また，固定コンデンサと可変コンデンサの中間のもので，図3·24のような，ねじを回して電極間隔などを変えて静電容量を調整し，目的の値になったときに固定して使用する半固定コンデンサなどもある。

(4) 用途による分類 コンデンサを用途によって大きく分類すると，電力用コンデンサ，電気機器用コンデンサ，電子機器用コンデンサなどになる。

(5) コンデンサの表示 回路図などでコンデンサを表示する場合には図記号を用いるが，一般にコンデンサを表すには図3·25(a)①の図記号を用いる。図(a)の②は可変コンデンサを，③は電解コンデンサを表す記号である。

また，コンデンサに静電容量を表記する場合，小形のものでは3桁の数字で表

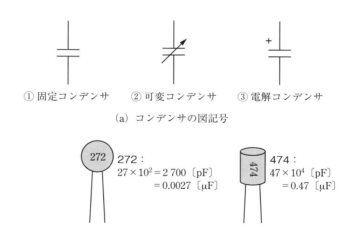

① 固定コンデンサ　② 可変コンデンサ　③ 電解コンデンサ

(a) コンデンサの図記号

272：
$27 \times 10^2 = 2\,700$ 〔pF〕
$= 0.0027$ 〔µF〕

474：
47×10^4 〔pF〕
$= 0.47$ 〔µF〕

(b) 静電容量の表記例

図3·25　コンデンサの図記号と静電容量の表記の例

すことがある。これは抵抗のカラーコード表示のカラーの替わりに直接数字を書いたもので，例えば図（b）の272は$27×10^2$ pF，474は$47×10^4$ pFのことである。単位がピコファラド〔pF〕であることに注意しなければならない。

なお，このほかに，電解コンデンサなどには，使用に耐える電圧と極性が表記されている。

2　コンデンサの接続

いくつかのコンデンサを並列あるいは直列に接続した場合，その合成静電容量や各コンデンサに蓄えられる電荷，電圧の加わり方などについて調べてみよう。

[1]　コンデンサの並列接続

静電容量がそれぞれ C_1，C_2，C_3〔F〕の3個のコンデンサを図3・26(a)のように並列に接続し，その端子ab間にV〔V〕の電圧を加えたとすると，各コンデンサの両端子間には，いずれもV〔V〕の電圧が加わるから，各コンデンサに蓄えられた電荷は，それぞれ次のようになる。

$$Q_1 = C_1V \text{〔C〕}, \quad Q_2 = C_2V \text{〔C〕}, \quad Q_3 = C_3V \text{〔C〕} \qquad (3\cdot20)$$

したがって，端子abからみると，蓄えられた全電荷Q〔C〕は，これらの和となるから，

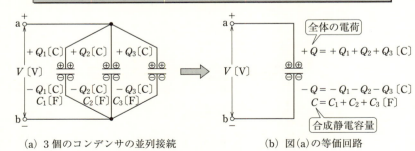

図3・26　コンデンサの並列接続

$$Q = Q_1 + Q_2 + Q_3 = (C_1 + C_2 + C_3)V \text{ [C]} \tag{3・21}$$

したがって，図(b)のように，端子 ab 間を1個のコンデンサとして考えたときの静電容量，すなわちこの回路の合成静電容量 C [F] は，次のようになる。

並列接続の合成静電容量

$$C = \frac{Q}{V} = \frac{(C_1+C_2+C_3)V}{V} = C_1+C_2+C_3 \text{ [F]} \tag{3・22}$$

すなわち，**コンデンサを並列に接続した場合の合成静電容量は，各コンデンサの静電容量の総和**となる。

また，式(3・20)から，

$$Q_1 : Q_2 : Q_3 = C_1V : C_2V : C_3V = C_1 : C_2 : C_3 \tag{3・23}$$

の関係を得る。すなわち，**並列に接続したとき，各コンデンサに蓄えられる電荷の量の比は，各コンデンサの静電容量の比に等しい**。

以上は3個のコンデンサの並列接続について考えたが，この関係は任意の個数のコンデンサの並列接続の場合についても成り立つものである。

例題 2 容量がそれぞれ 0.1, 0.2, 0.3 μF の3個のコンデンサを並列に接続して，これに 500 V の電圧を加えたとき，蓄えられる電荷はいくらか。

解答 合成容量 C [F] は，式(3・22)から，
$$C = C_1 + C_2 + C_3 = (0.1+0.2+0.3) \times 10^{-6} = 0.6 \times 10^{-6} \text{ F}$$
したがって，求める電荷 Q [C] は，式(3・16)から，
$$Q = CV = 0.6 \times 10^{-6} \times 500 = 300 \times 10^{-6} \text{ C} = 300 \text{ μC}$$

[2] コンデンサの直列接続

静電容量がそれぞれ C_1, C_2, C_3 [F] の3個のコンデンサを図 3・27(a) のように直列に接続し，その端子 ab 間に V [V] の電圧を加えたとき，端子 ab 間に Q [C] の電荷が蓄えられたとすれば，各コンデンサの電極には，静電誘導により，図(a)のように $+Q$ [C] および $-Q$ [C] の電荷が誘導される。すなわち，**コンデンサを直列に接続したときは，静電容量に関係なく，各コンデンサには等しい**

第3章 静電気

> **コンデンサの直列接続の特徴**
> ○ 各コンデンサに加わる電圧の総和は，端子 ab 間の供与電圧に等しい
> ○ 各コンデンサにはそれぞれ等しい量の電荷が蓄えられる

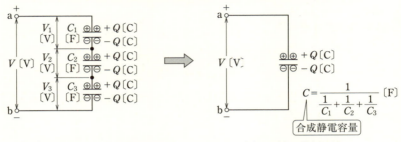

(a) 3個のコンデンサの直列接続　　　(b) 図(a)の等価回路

図3・27 コンデンサの直列接続

電荷が蓄えられる。

したがって，各コンデンサの端子間の電圧をそれぞれ V_1, V_2, V_3 〔V〕とすれば，

$$V_1 = \frac{Q}{C_1} \text{〔V〕}, \quad V_2 = \frac{Q}{C_2} \text{〔V〕}, \quad V_3 = \frac{Q}{C_3} \text{〔V〕} \tag{3・24}$$

となり，これらを加え合わせた電圧が端子 ab 間の供与電圧 V〔V〕になるから，

$$V = V_1 + V_2 + V_3 = \left(\frac{1}{C_1} + \frac{1}{C_2} + \frac{1}{C_3}\right)Q \text{〔V〕} \tag{3・25}$$

したがって，図(b)のように，端子 ab 間を1個のコンデンサとして考えたときの静電容量，すなわちこの回路の合成静電容量 C〔F〕は，次のようになる。

> **直列接続の合成静電容量**
> $$C = \frac{Q}{V} = \frac{Q}{\left(\dfrac{1}{C_1} + \dfrac{1}{C_2} + \dfrac{1}{C_3}\right)Q} = \frac{1}{\dfrac{1}{C_1} + \dfrac{1}{C_2} + \dfrac{1}{C_3}} \text{〔F〕} \tag{3・26}$$

すなわち，**コンデンサを直列に接続した場合の合成静電容量は，各コンデンサの静電容量の逆数の和の逆数になる。**

また，式(3・24)から，

3.3 静電容量とその回路

$$V_1 : V_2 : V_3 = \frac{Q}{C_1} : \frac{Q}{C_2} : \frac{Q}{C_3} = \frac{1}{C_1} : \frac{1}{C_2} : \frac{1}{C_3} \tag{3・27}$$

の関係を得る。すなわち，**コンデンサを直列に接続したとき，各コンデンサに加わる電圧の比は，静電容量の逆数の比に等しい。**

以上は3個のコンデンサの直列接続について考えたが，この関係は任意の個数のコンデンサの直列接続の場合にも成り立つものである。

例えば，C_1，C_2の2個のコンデンサの直列接続の場合の合成容量C〔F〕は，次式のようになる。

$$C = \frac{1}{\dfrac{1}{C_1}+\dfrac{1}{C_2}} = \frac{C_1 C_2}{C_1 + C_2} \ [\text{F}] \tag{3・28}$$

なお，静電容量の異なるいくつかのコンデンサを直列に接続したときの合成静電容量は，各コンデンサの中で最も小さい容量のものよりさらに小さくなり，並列に接続した場合には，最大の容量のものよりさらに大きい値となる。また，第1章で学んだ抵抗接続の場合の合成抵抗と比べると，コンデンサの直列の場合は，抵抗の並列の場合と形が似ており，並列の場合は抵抗の直列の場合と似ているので，注意しなければならない。

例題 3 静電容量が 0.5，1.5，3 μF の 3 個のコンデンサを直列に接続した場合の合成静電容量を求めよ。

解答 求める合成静電容量 C〔F〕は，式(3・26)から，

$$C = \frac{1}{\left(\dfrac{1}{0.5}+\dfrac{1}{1.5}+\dfrac{1}{3}\right) \times \dfrac{1}{10^{-6}}} = \frac{1}{\dfrac{6+2+1}{3} \times 10^6}$$

$$= \frac{3}{9} \times 10^{-6} = \frac{1}{3} \times 10^{-6} \fallingdotseq 0.33 \times 10^{-6} \text{ F} = 0.33 \text{ μF}$$

[3] コンデンサ回路の耐電圧

コンデンサは，使用目的に応じて，静電容量や耐電圧が決められる。コンデンサの**耐電圧**は，使用する誘電体の絶縁耐力と厚さによって定まり，電極間に加えることのできる最大の電圧のことで，コンデンサにそれ以上の電圧を加えると絶

縁破壊を起こしてしまう。

並列に接続されたコンデンサにはすべて同じ電圧が加わるので，図3・28(a)のように，各コンデンサの中で一番低い耐電圧が，この回路全体の耐電圧になる。

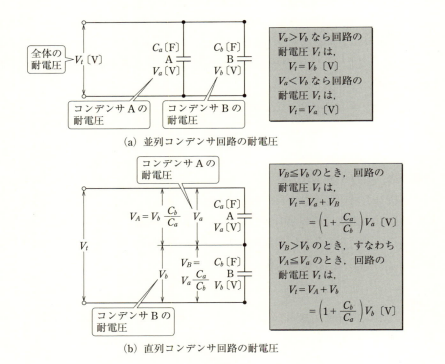

(a) 並列コンデンサ回路の耐電圧

(b) 直列コンデンサ回路の耐電圧

図3・28

また，コンデンサを直列に接続した場合，各コンデンサに加わる電圧は各コンデンサの静電容量に反比例するから，異なる静電容量のコンデンサを直列接続した回路の耐電圧は単純に各コンデンサの耐電圧を加え合わせたものにはならない。

いま，図(b)のように，直列に接続された二つのコンデンサA，Bの静電容量および耐電圧を，それぞれC_a，C_b〔F〕，V_a，V_b〔V〕とし，コンデンサAにV_a〔V〕の電圧が加わったとすると，コンデンサBの電圧V_Bは，

$$V_B = V_a \frac{C_a}{C_b} \text{〔V〕}$$

となる．この値がコンデンサBの耐電圧 V_b〔V〕を超えなければよい．すなわち，$V_B = V_a(C_a/C_b) \leq V_b$ のときには，全体としての耐電圧 V_t〔V〕は，次式のようになる．

$$V_t = V_a + V_B = V_a + V_a \frac{C_a}{C_b} = \left(1 + \frac{C_a}{C_b}\right) V_a \text{〔V〕} \tag{3・29}$$

また，もし $V_B = V_a(C_a/C_b) > V_b$ のときには，このままではコンデンサBが絶縁破壊を起こすから，コンデンサBに V_b〔V〕まで電圧を加えるとし，コンデンサAの端子電圧 $V_A = V_b(C_b/C_a)$ は $V_A \leq V_a$ となるので，全体として耐電圧 V_t〔V〕は，次式のようになる．

$$V_t = V_b + V_A = V_b + V_b \frac{C_b}{C_a} = \left(1 + \frac{C_b}{C_a}\right) V_b \text{〔V〕} \tag{3・30}$$

例題 4 静電容量が $C_a = 1.0\,\mu\text{F}$，耐電圧 $V_a = 400\,\text{V}$ のコンデンサAと，静電容量 $C_b = 0.5\,\mu\text{F}$，耐電圧 $V_b = 300\,\text{V}$ のコンデンサBを直列に接続した場合，全体としての耐電圧はいくらか．ただし，コンデンサは漏れ電流のない理想的なものとする．

解答 この直列回路で，コンデンサAに 400 V まで電圧を加えたとしたとき，コンデンサBの端子電圧 V_B は，

$$V_B = V_a \times \frac{C_a}{C_b} = 400 \times \frac{1.0}{0.5} = 800\,\text{V}$$

となる．これは，コンデンサBの耐電圧 300 V より高い（$V_B > V_b$）から，式(3・30)から，回路全体の耐電圧 V_t〔V〕は，

$$V_t = \left(1 + \frac{C_b}{C_a}\right) \times V_b = \left(1 + \frac{0.5}{1}\right) \times 300 = 1.5 \times 300 = 450\,\text{V}$$

3.4 静電エネルギーと静電吸引力

1 コンデンサに蓄えられるエネルギー

静電容量 C〔F〕のコンデンサに電源を接続して，電圧 V〔V〕を加えると，

$Q = CV$〔C〕の電荷が蓄えられる（これを充電するという）。この電荷は，電源をはずしてもそのまま残り，コンデンサの端子には V〔V〕の電圧が生じている。したがって，このコンデンサの端子間を導体で接続すれば，導体中を電荷が移動し（電流が流れ）仕事をする（これを放電するという）。このように，コンデンサは電気エネルギーを蓄えることができる。

それでは，この充電されたコンデンサに蓄えられたエネルギーについて調べてみよう。

静電容量 C〔F〕のコンデンサに蓄えられる電荷は電圧に比例するから，コンデンサの両極板に加える電圧を 0 から次第に増加して V〔V〕にしたときの電荷は，図 3・29 のように 0 から次第に増加して最後に $Q = CV$〔C〕となる。この場合は，平均して $V/2$〔V〕の一定電圧を加えて，Q〔C〕の電荷が移動したのと同じ結果になるから，これに要するエネルギー W〔J〕は，

$$W = \frac{V}{2} \times Q = \frac{1}{2} \times CV^2 = \frac{1}{2} \times \frac{Q^2}{C} \text{〔J〕}$$

$(\because Q = CV)$

となる。すなわち，C〔F〕のコンデンサを V〔V〕で充電したときには，

> コンデンサに蓄えられるエネルギー　$W = \frac{1}{2}CV^2$〔J〕　　　(3・31)

のエネルギーが蓄えられることになる。

次に，このエネルギー W が誘電体内の電界とどのような関係にあるか調べてみよう。

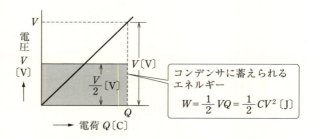

図 3・29　コンデンサに蓄えられるエネルギー

3.4 静電エネルギーと静電吸引力

いま,図 3・30 のように,電極間の距離 l〔m〕,電極板の面積 S〔m²〕,誘電体の誘電率 ε〔F/m〕の平行板コンデンサを考える。

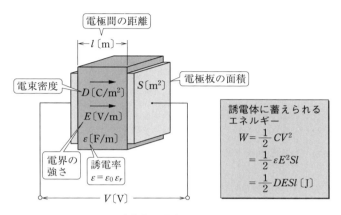

図 3・30　誘導体に蓄えられるエネルギー

電極間の電界は平等電界とみなすと,静電容量 C〔F〕は,式(3・19)から,

$$C = \frac{\varepsilon S}{l} \text{〔F〕}$$

また,電界の強さを E〔V/m〕とすれば,電極間の電圧 V〔V〕は,$V = El$ であるから,誘電体に蓄えられるエネルギー W〔J〕は,次式のようになる。

$$W = \frac{1}{2}CV^2 = \frac{1}{2} \times \frac{\varepsilon S}{l} \times (El)^2 = \frac{1}{2} \times \varepsilon E^2 \times Sl$$

$$= \frac{1}{2}DE \times Sl \text{〔J〕} \quad (\because \ \varepsilon E = D) \tag{3・32}$$

この場合,電界は電極間の誘電体の中だけにあるから,誘電体の単位体積当たりに蓄えられるエネルギー w〔J/m³〕は,電極間の体積 Sl〔m³〕で割算して,

電界のエネルギー密度　$w = \dfrac{1}{2}DE = \dfrac{1}{2}\varepsilon E^2$〔J/m³〕 (3・33)

となる。

この式は磁界のエネルギー密度 $w = \dfrac{1}{2}\mu H^2$〔J/m³〕(式 2・54)に相当する式と

して重要である。

2 静電吸引力

正・負の点電荷相互間に働く静電力は，静電力に関するクーロンの法則によって知ることができるが，ここで面積のある平行板に蓄えられた電荷の相互間の静電力について調べてみよう。

図 3・31 のように，l [m] 離れた面積 S [m²] の a，b，2 枚の平行板間に電圧 V [V] を加えると Q [C] の電荷が蓄えられ，電極間には静電吸引力 F [N] が作用するものとする。いま，この**静電吸引力** F [N] によって，きわめてわずかの距離 Δl [m] だけ電極板 b が動いたとすれば，$F\Delta l$ [J] の仕事をする。

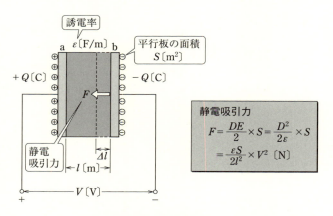

静電吸引力
$$F = \frac{DE}{2} \times S = \frac{D^2}{2\varepsilon} \times S$$
$$= \frac{\varepsilon S}{2l^2} \times V^2 \text{ [N]}$$

図 3・31 静電吸引力

この仕事は，電極板 b が Δl 動くことによって $S\Delta l$ [m³] の体積に蓄えられた電界のエネルギーが減少して，機械的な仕事に変換されたものと考えることができる。この減少したエネルギー ΔW は，式 (3・33) の $S\Delta l$ 倍になる。したがって，これが $F\Delta l$ と等しいとおけば，

$$F\Delta l = wS\Delta l = \frac{1}{2}\varepsilon E^2 \times S\Delta l$$

$$\therefore \quad F = \frac{1}{2}\varepsilon E^2 \times S \text{ [N]} \tag{3・34}$$

また，電極間の誘電率を ε〔F/m〕とすれば，$E = V/l$ であるから，式(3・34)は，次のようになる。

静電吸引力

$$F = \frac{1}{2}\varepsilon E \times^2 S = \frac{1}{2}\varepsilon \times \left(\frac{V}{l}\right) \times^2 S = \frac{\varepsilon S}{2l^2} \times V^2 \text{〔N〕} \quad (3・35)$$

このことから，静電吸引力 F は，電圧の2乗に比例することがわかる。このような静電吸引力は静電集じん器などに用いられており，また電圧の2乗に比例する静電力を利用したものに静電形電圧計などがある。

3.5 放電現象

1 絶縁破壊

二つの電極の間に絶縁物を置き，電極の間に電圧を加えると，電圧が低いときには電流はほとんど流れないが，電圧の大きさを増していくと絶縁物中の電界の強さが増加し，ついには絶縁物が破壊して大きな電流が流れるようになる。このように絶縁物がその絶縁の性質を失い電気を通すようになる状態を**絶縁破壊**（breakdown）といい，この現象を**放電現象**という。そして，その絶縁物の絶縁

表3・2 物質の絶縁破壊の強さ

物 質	絶縁破壊の強さ〔kV/mm〕	物 質	絶縁破壊の強さ〔kV/mm〕
石英ガラス	20～40	パラフィン	8～12
ゴム		プラスチックス	
クロロプレンゴム	10～15	エポキシ	16～22
シリコーンゴム	5～25	ポリ塩化ビニル（軟）	10～30
天然ゴム	20～30	〃　　　　　（硬）	17～50
セラミックス		テフロン	20
アルミナ	10～16	ナイロン	15～20
ステアタイト	8～14	ポリエチレン	18～28
長石磁器（素地）	10～15	ポリスチレン	20～30

〔注〕絶縁破壊の強さは，1～3 mm の板状試料について商用周波数で得た値である。

破壊を起こす電圧を**絶縁破壊電圧**（breakdown voltage）といい，そのときの電界の強さを**絶縁破壊の強さ**（dielectric breakdown strength）または**絶縁耐力**（dielectric strength）という。

一般の絶縁物の絶縁破壊の強さは，絶縁物の種類，温度，湿度，気圧その他の条件などによって異なる。表3·2に各種物質の絶縁破壊の強さの例を示す。

2　気体中の放電

気体が絶縁破壊を起こして生じる放電現象は，その状態によって，火花放電，コロナ放電，グロー放電，アーク放電などに分類できる。

[1]　火花放電

図3·32のように，空気中に2枚の平板電極を平行に向かい合わせて置き，これに電圧 V を加えると，絶縁破壊を起こさない状態ではきわめてわずかな電流 i が流れる。これは，大気中には宇宙線や放射性物質によって生じたわずかのイオンや電子があり，電極間に電圧を加えるとこれらが移動して電流を生じるためである。このような状態では電流が流れていても光を発生しないので**暗電流**（dark current）という。

電圧をさらに高くして電界を強くすると，イオンや電子が電界で加速されて激しく気体の分子に衝突してこれを電離し新たに多くのイオンや電子を生じ，ついに気体絶縁が破壊して火花を伴った放電を生じる。これを**火花放電**（spark dis-

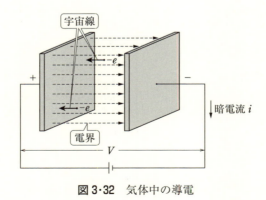

図3·32　気体中の導電

charge)という。一般に，火花放電は短時間に消滅するもので，例えば，自然現象の雷などがこの例である。電源の電圧降下が少ない場合などでこの火花放電が継続するときは，強い光を発生するアーク放電（この後で学ぶ）となる。

[2] コロナ放電

電極間で平等電界の場合には，電圧を高くしていくと全面が同時に絶縁破壊を起こし火花放電となる。しかし，図3·33(a)のように，針状電極と平板電極を向かい合わせて電圧を加えた場合などは，電圧を高くしていくと図(b)のように針の先端の電界の強さが他の部分の電界より大きくなり，この部分のみが電離して局部的に絶縁破壊を起こして放電し，かすかな光を生じるようになる。このような放電を**コロナ放電**（corona discharge）という。高電圧の送電線などでは，電線の表面部分で，このコロナ放電が生じやすくなる。このコロナ放電が生じると電力損失や通信障害などを招くおそれがあるので，これを防ぐために，太い電線を用いたり複数の電線を平行に用いたりして電線の表面の電界の強さを小さくする工夫がされている。

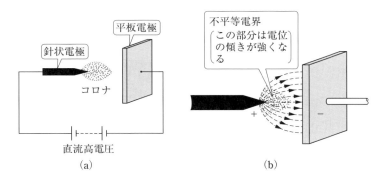

図3·33 コロナ放電

[3] グロー放電

図3·34のように，ガラス管の両端に電極を封入し，管内の気圧を数千Pa⑦くらいにして，電源から安定抵抗と呼ばれる直列抵抗Rを通して電極に高電圧を加えると，発光を伴った放電を起こす。これを**グロー放電**（glow discharge）という。グロー放電のとき発生する光の色は，内部の気体の種類によって異なる。気圧が133.3 Pa（1 mmHg）くらいのときのグロー放電は，図3·35のような光の明暗を生じ，それらには名称がつけられている。ネオンサインはグロー放電の陽光柱の光を利用したものである。

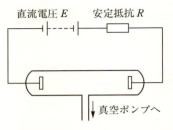

図3·34 グロー放電の実験

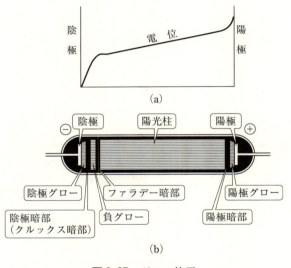

図3·35 グロー放電

━━━━━━━━━━━━━━━━━━━━━━━ コメント

⑦**パスカル** 面積1 m²当たりに1 Nの力が加わる圧力の大きさを1**パスカル**（pascal，単位記号 Pa）という。

   1気圧 = 760 mmHg = 101 325 Pa，1 mmHg = 133.322 Pa

[4] アーク放電

　グロー放電の状態からさらに電圧を高めたり直列抵抗を減らしたりして放電電流を流すと，激しい光と熱を伴った放電が生じる。これを**アーク放電**（arc discharge）という。このときには，加速された陽イオンが陰極に激しく衝突し陰極が加熱されて赤熱の状態になって電子を放出する。この電子を**熱電子**（thermion）という。この熱電子が電流に加わるので，さらに温度が上昇する。したがって，このようにひとたび熱電子放出が始まると，電流が局部的に集まって原因と結果が助け合って大電流が流れることになる。

　この場合は，電流はほとんど熱電子放出が原因になって生じ，陰極が高温に保たれるので，管内全体はグロー放電よりさらに強い光を放つ陽光柱となり，陰極も白熱状態になる。

　アーク放電の光を利用するものには，水銀灯，アーク灯，けい光灯などがあり，熱を利用するものにはアーク炉，アーク溶接などがある。

　グロー放電，アーク放電のときの電圧と電流の関係をグラフに示すと図3・36のようになる。アーク放電の電流に対する電圧の特性のように，放電電流が増加すると放電電圧が下がる特性を**負特性**（negative characteristic）といい，一定電圧の電源で放電を安定に行わせるには直列抵抗などを用いた安定器が必要である。

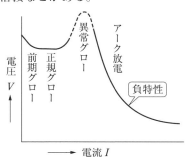

図3・36　グロー放電からアーク放電への特性

第3章

復習問題

──────── 基 本 問 題 ────────

1. 大気中，1 m の距離に 2 個の点電荷があり，それぞれ 0.2 C および 0.5 C の電荷をもっている。この電荷間に働く力の大きさは何ニュートンか。

2. 大気中で，0.5 C の点電荷から 1 m 離れた点の電界の強さを求めよ。

3. 極板間隔 0.01 m，面積 2 m^2 の平行板コンデンサの静電容量はいくらか。ただし，極板は空気中に置かれ，極板間の電界は平等電界とする。

4. 4 μF のコンデンサ 2 個を直列にしたときの合成静電容量はいくらか。また，並列にしたときはいくらか。

5. 2 μF と 3 μF のコンデンサを並列に接続したときの合成静電容量はいくらか。また，直列にしたときの合成静電容量はいくらか。

6. 2 μF と 3 μF のコンデンサを直列にし，これに 50 V の電圧を加えた。2 μF のコンデンサに加わる電圧はいくらか。

7. 4 μF と 6 μF のコンデンサを直列に接続し，これに 100 V の電圧を加えた。4 μF のコンデンサに蓄えられた電荷の量はいくらか。

──────── 発 展 問 題 ────────

1. 大気中に 5 cm の距離に，0.1 μC および 0.2 μC の点電荷が置かれている。これらの間に作用する力は何ニュートンか。

2. 1 個の電子が電界に沿って，1 V の電位差を移動したとき，電子の得るエネルギーはいくらか。ただし，電子は -1.602×10^{-19} C の負の電荷をもっているものとする。

3. 真空中に 0.1 μC の孤立した点電荷がある。そこから，1 m 離れた点 a と 2 m 離れた点 b の間の電位差は何ボルトか。

4. 真空中のある閉曲面の内に +5 μC，-2 μC，+3 μC の電荷を入れるとき，この閉曲面から外部へ出る電気力線の総本数を求めよ。

5. 比誘電率が 2 で，電束密度が 1×10^{-6} C/m^2 であるとき，電界の強さはいくらか。

6. 平行板のコンデンサがある。極板間隔 1 mm，面積 500 cm²，誘電体の比誘電率 4 であるとすると，静電容量はいくらか。

7. 図 3·37 のように，15 μF，4 μF，6 μF の 3 個のコンデンサを接続したとき，合成静電容量はいくらか。また，端子 ab 間に 125 V の電圧を加えたとき，各コンデンサの端子電圧，および蓄えられる電気量はそれぞれいくらか。

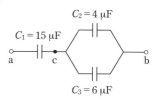

図 3·37

8. 500 V を超える電圧を加えると絶縁破壊するコンデンサが 3 個ある。この静電容量がそれぞれ 0.1，0.2，0.3 μF のとき，この 3 個を直列に接続して使用する場合に許し得る全体の電圧はいくらか。

──────── チャレンジ問題 ────────

1. 真空中で，一辺の長さが 10 cm の正三角形の頂点に，それぞれ 1 μC，2 μC，2 μC の点電荷が置かれているとき，正三角形の重心 P の電界の強さを求めよ。

2. C_1，C_2，C_3，C_4 〔F〕の 4 個のコンデンサを図 3·38 のように接続し，端子 ab 間に直流電圧 V_{ab} を加えたとき，端子 cd 間の電圧 V_{cd} を表す式を求めよ。

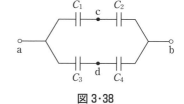

図 3·38

3. A，B，C の 3 個のコンデンサがある。A と B を直列にすれば，その合成容量は 1.2 μF，B と C とを直列に接続すれば，その合成容量は 1.5 μF，A と C とを直列に接続すれば，その合成容量は 2.0 μF であるという。A，B，C の各コンデンサの容量は，それぞれいくらか。

4. 極板間隔 l 〔mm〕，静電容量 1 μF の平行板空気コンデンサがある。この極板間に $\dfrac{l}{2}$ 〔mm〕の厚さで，比誘電率 3 の誘電体を入れたら，静電容量はいくらになるか。

第4章
交流回路の基礎

交流は，直流に比べて多くの特徴をもっている。そのうえ，電力としての利用範囲が非常に広い。

そこで，本章では，正弦波交流を中心に，その表し方や基礎的な事がらについて，具体的に学習し，さらに抵抗，自己インダクタンス，静電容量の単独回路の電流と電圧の関係などを学習する。

ヘルツ（H.R. Hertz, 1857〜1894）

4.1 交　流　現　象

1　直流と交流

図4・1(a)のように，時間に対して電流の大きさと流れの向きが常に一定しているものを**直流**（direct current：DC）といい，電池などから得られる電流がこれに相当する。これに対して，図(b)のように，電流の大きさと流れる方向が時

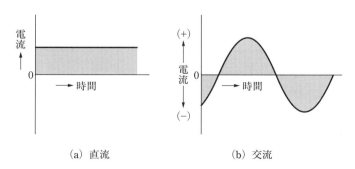

(a) 直流　　　　　　　　(b) 交流

図4・1　直流・交流の波形

間の経過と共に周期的に交互に変化するものを**交流**[1] (alternating current：AC) という。

2　交流の波形

交流の時間に対する変化の形を**波形**（wave form）という。交流は，この波形の違いにより，正弦波交流と非正弦波交流とに分けられる。**正弦波交流**（sine wave AC，あるいは sinusoidal wave AC）は，図4.2(a)のように，時間に対して正弦波状に変化する交流で，電力用として一般に多く用いられる。また，図(b)のような正弦波以外の交流を**非正弦波交流**（non-sinusoidal wave AC），または**ひずみ波交流**（distortred wave AC）といっている。

次に，正弦波交流の全波形が一方向のものを**全波整流波**（full-wave rectification wave）といい，直流に周期の短い交流が合成されたものを**脈流波**（pulsating current wave）という。また，周期的な時間間隔で間欠的に変化するものを**パルス波**（pulse wave）と呼んでいる。

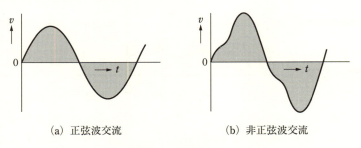

(a) 正弦波交流　　　　(b) 非正弦波交流

図4・2　交流の波形

3　周波数と波長
[1]　周波数と周期

交流の波形が完全に一つの変化をして，初めの状態になるまでを**1周波**とい

━━━━━━━━━━━━━━━━━━━━━━━━━━━ コメント
①**交流**　交流は，交流起電力，交流電圧，交流電流などの総称として用いる場合が多い。

う。図4·3の交流波形の1周波は，aからcまでの範囲をいう。1周波に要する時間を**1周期**（period）という。また，交流の1秒間にくり返される周波の数を**周波数**（frequency）といい，その単位に**ヘルツ**（Herz，単位記号 Hz）を用いる。したがって，周波数 f〔Hz〕と周期 T〔s〕との間には，次のような関係が成り立つ。

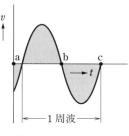

図4·3 交流波形の1周波

周期と周波数の関係 $T = \dfrac{1}{f}$ 〔s〕 (4·1)

例題1 周波数 50 Hz の正弦波交流の周期を求めよ。

解答 求める周期を T〔s〕とすれば，式(4·1)から，
$$T = \frac{1}{f} = \frac{1}{50} = 0.02 \text{ s}$$

例題2 周期が 20 μs の周波数は何ヘルツか。

解答 求める周波数を f〔Hz〕とすれば，式(4·1)から，
$$f = \frac{1}{T} = \frac{1}{20 \times 10^{-6}} = \frac{10^6}{20} = 50 \times 10^3 \text{ Hz} = 50 \text{ kHz}$$

[2]　周波数と波長

　ある周波数の交流電圧や電流が波動となって電線路上を伝搬していく場合や，空間を電波になって伝搬していく場合に，波動または電波の1周期間に相当する波の長さを**波長**（wavelength）という。一般に，電気の伝わる速度は，真空中を光が伝わる速度に等しい。したがって，波長 λ〔m〕と周波数 f〔Hz〕との間には，次の関係がある。

波長と周波数の関係 $\lambda = \dfrac{c}{f}$ 〔m〕 (4·2)

第4章　交流回路の基礎

ここで，c は光の速度で，真空中では $c \fallingdotseq 3 \times 10^8$ m/s である．空気中の場合でも $c \fallingdotseq 3 \times 10^8$ m/s と考えても大差がない．図 4·4 は，いろいろな周波数（50, 100, 1 000 Hz）の場合の周期，波長の関係を表したもので，周波数が増加するにつれて周期 T および波長 λ は次第に短くなる．我々の一般の家庭では 50 Hz または 60 Hz の**商用周波数**[②]（commercial frequency）を用いているが，電子工学関係では，極めて広範囲（数 Hz～数十 GHz）の周波数が利用されている．

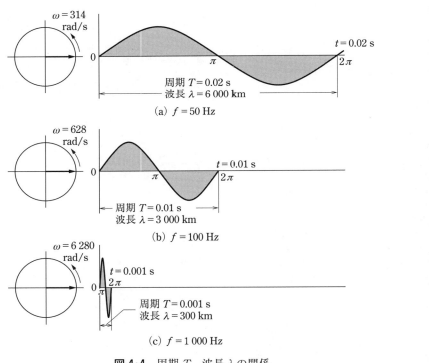

図 4·4　周期 T，波長 λ の関係

例題 3　周波数 20 MHz の正弦波交流の周期と波長を計算せよ．

==コメント

②**商用周波数**　我が国では，ほぼ静岡県の富士川を境にして，ほぼ東日本が 50 Hz, 西日本が 60 Hz となっている．

解答 周期 T は，式(4·1)から，

$$T = \frac{1}{f} = \frac{1}{20 \times 10^6} = \frac{1}{20} \times 10^{-6} = 0.05 \times 10^{-6} \text{ s}$$

波長 λ は，式(4·2)から，

$$\lambda = \frac{3 \times 10^8}{20 \times 10^6} = \frac{3}{20} \times 10^2 = 0.15 \times 10^2 = 15 \text{ m}$$

問1 ラジオの AM 波の周波数は $531 \sim 1\,602$ kHz である。波長を計算せよ。　　　　　　　　　　　　　　　　（答　$564.97 \sim 187.26$ m）

問2 テレビ放送の UHF 波の波長は $0.390 \sim 0.638$ m であるという。周波数は何メガヘルツか。　　　　　　　　（答　$769 \sim 470$ MHz）

[3] 電気角と周波数

図 4·5(a)のように，N，S の二つの磁極（2 極）が作る磁界中を導体が反時計方向に 1 回転すると，回転角で $360°$ すなわち 2π ラジアン（radian，単位記号 rad）変化し，この間に起電力は，図(c)の上のように 1 周波完了する。ところが，もし図(b)のように，N，S の磁極が 2 対（4 極）あったとすれば，導体が 1 回転すると，この間に起電力は，図(c)の下のように 2 周波完了する。したがって，導体がこのような磁界中を 1 分間に n 回転した場合は，磁極数を P とすれば，

$$f = \frac{P}{2} \times \frac{n}{60} \text{ (Hz)} \tag{4·3}$$

の周波数の起電力が発生する。

この関係から，交流の正弦波形の起電力を，式(2·36)のように，$e = E_m \sin\varphi$ と表したとき，φ に回転角の角度をとったのでは，正弦波交流を表すことができない。そこで，交流を数式的に表すには，φ の角を回転角に関係なく，**1 周波する間の角が 2π (rad) になるような電気的な角**を定める必要がある。このように定めた角を **電気角**（electrical angle）という。すなわち，電気角は次のように表される。

第4章 交流回路の基礎

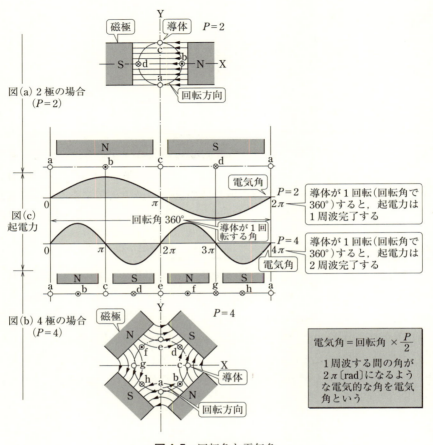

図4・5 回転角と電気角

$$電気角 = 回転角 \times \frac{P}{2} \tag{4・4}$$

したがって，今後，交流波に対する角度は，すべて1周波を2π〔rad〕すなわち360°とする電気角で表すものとする。

次に，この電気角を用いて，交流が1秒間に変化する角を調べてみよう。交流の周波数がf〔Hz〕であるとすれば，1秒間にf周波変化し，1周波では2π

〔rad〕だけ変化するから,電気角は1秒間に $2\pi f$〔rad〕変化する。このように,交流が1秒間に変化する電気角を**角周波数**(angular frequency)または**角速度**(angular velocity)といい,**ラジアン毎秒**(radian per second,単位記号 rad/s)の単位で表す。すなわち,角周波数を ω(ギリシア文字で,オメガと読む)とすれば,次のように表される。

角周波数 $\omega = 2\pi f$〔rad/s〕 (4・5)

次に,この角周波数を用いて電気角を表してみよう。図4・6のように,導体が $t=0$ の点から出発して,角周波数 ω〔rad/s〕で回転する場合に,任意の時刻 t〔s〕における電気角 φ〔rad〕は,

$$\varphi = \omega t = 2\pi f t \text{〔rad〕} \tag{4・6}$$

となる。

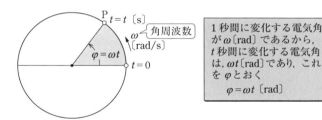

図4・6　$\varphi = \omega t$

例題 4　4極の交流発電機の電気角が π〔rad〕のとき,回転角は何度か。

解答　式(4・4)から,

$$\text{回転角} = \text{電気角} \times \frac{2}{P} = \pi \times \frac{2}{4} = \frac{\pi}{2} \text{〔rad〕}$$

このラジアン角を度数になおせばよい。この場合,求める度数を x〔°〕として,次のような換算を行う。

$$2\pi \text{〔rad〕} : \frac{\pi}{2} \text{〔rad〕} = 360° : x \text{〔°〕}$$

$$\therefore \quad x = \frac{\frac{\pi}{2}}{2\pi} \times 360° = \frac{1}{4} \times 360° = 90°$$

例題 5 周波数 50 Hz の正弦波交流の角周波数を求めよ。

解答 周波数 ω〔rad/s〕は,式(4・5)から,
$$\omega = 2\pi f = 2\pi \times 50 = 314 \text{ rad/s}$$

問 3 周波数 300 MHz の正弦波交流の角周波数 ω,周期 T および波長 λ を求めよ。 (答 $\omega = 1.88 \times 10^9$ rad/s, $T = 3.3 \times 10^{-9}$ s, $\lambda = 1$ m)

問 4 $e = \sqrt{2} \times 100 \sin 376.8\,t$〔V〕で表される正弦波交流の角周波数 ω,周波数 f および周期 T はいくらか。
(答 $\omega = 376.8$ rad/s, $f = 60$ Hz, $T = 0.0167$ s)

4.2 正弦波交流の発生

1 正弦波交流の発生

第 2 章 2・5 節の [2] 項で学んだように,平等磁界中を等速円運動する導体には交流起電力が発生する。この発生する交流起電力は正弦波形であるから,一般に**正弦波起電力**(sinusoidal wave e.m.f.)と呼んでいる。

この起電力の瞬時値 e は,式(2・36)および式(4・6)から,
$$e = Blv \sin \varphi = E_m \sin \omega t = E_m \sin 2\pi ft \text{〔V〕} \tag{4・7}$$

ここに,
$$E_m = Blv$$

ただし,

B:磁界の磁束密度〔T〕

l:導体の長さ〔m〕

v:導体の回転する速さ〔m/s〕

$\varphi = \omega t$:X 軸からの電気角〔rad〕

4.2 正弦波交流の発生

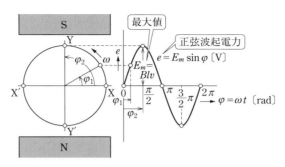

図4·7 正弦波起電力

で表される。

この起電力 e は，図4·7のように，電気角 φ を横軸にとり，その電気角の変化に伴って変わっていく時刻に対する値を表すので，この値を第2章で学んだように瞬時値という。また，この場合の $E_m = Blv$ 〔V〕は，e の瞬時値の最大（$\varphi = \dfrac{\pi}{2}$ 〔rad〕のとき）を表すので，これを最大値という。

2 位相と位相差

[1] 正弦波交流の一般式

式 (4·7) の起電力 $e = E_m \sin \omega t$ 〔V〕は，時間 t の起点（$t=0$）のとき，$\varphi = \omega t = 0$ の場合の式で，波形は図4·8(a)のようになる。

もし，図(b)のように，$t=0$ のとき φ がある大きさ θ の角をもっているとすれば，$\varphi = \omega t + \theta$ となるから，この場合の起電力 e は，

$$e = E_m \sin(\omega t + \theta) \text{〔V〕}$$

で表される。また，図(c)のように，$t=0$ のとき $\varphi = -\theta'$ であったとすれば，$\varphi = \omega t - \theta'$ となるから，この場合の起電力 e は，

$$e = E_m \sin(\omega t - \theta') \text{〔V〕}$$

で表される。

以上のことから，一般的に正弦波交流起電力を次のように表す。

正弦波交流起電力の一般式 $\quad e = E_m \sin(\omega t + \theta) \text{〔V〕}$ (4·8)

第4章 交流回路の基礎

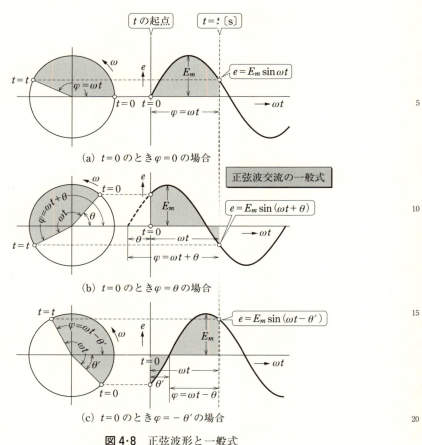

図 4・8 正弦波形と一般式

例題1 $e = 141 \sin\left(\omega t + \dfrac{\pi}{6}\right)$ 〔V〕の正弦波交流が起点 $t=0$ のときの起電力の瞬時値はいくらか。

解答 $t=0$ のとき $\omega t = 0$ であるから，
$$e = 141 \sin \frac{\pi}{6} = 141 \times \frac{1}{2} = 70.5 \text{ V}$$

4.2 正弦波交流の発生

> **問1** $e = 141 \sin(\omega t + \theta)$ 〔V〕の正弦波交流起電力の一般式で，$\theta = \dfrac{\pi}{4}$ 〔rad〕のときの波形を描き，$e = E_m$ となる点を図に示せ。

[2] 位相と位相差

式(4·8)の正弦波交流の一般式，

$$e = E_m \sin(\omega t + \theta)$$

において，$(\omega t + \theta)$ をその交流 e の時間 t における**位相**（phase）または**位相角**（phase angle）といい，$t = 0$ における位相角 θ を**初位相角**（initial phase angle）という。

いま，三つの起電力 $e_1 = E_m \sin \omega t$ 〔V〕，$e_2 = E_m \sin(\omega t + \theta)$ 〔V〕，$e_3 = E_m \sin(\omega t - \theta')$ 〔V〕を同一グラフ上に描けば，図4·9のようになる。この関係は同一周波数であるから変わることはない。この場合，e_1 を基準にとれば，e_2 の位相は e_1 より θ 〔rad〕だけ**進み**（lead），e_3 の位相は e_1 より θ' だけ**遅れ**（lag）ているという。

同一周波数の二つの正弦波交流の位相角の差は，初位相角の差で表され，これを**位相差**（phase difference）という。すなわち，図4·9において，e_2 と e_1 の位相差は θ，e_3 と e_1 の位相差は θ'，e_2 と e_3 の位相差は $\theta + \theta'$ である。また，二つの正弦波交流の位相の差が0であるとき，二つの交流は**同相**（in-phase）であるという。

いままで起電力について考えてきたが，交流電圧 v，交流電流 i についても，正弦波交流であれば，一般式は，次のように表せる。

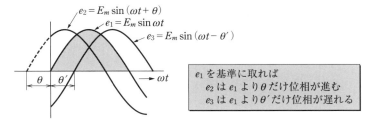

図4·9　各起電力波形の位相の進み，遅れ

$$v = V_m \sin(\omega t + \theta_v) \ [\text{V}]$$
$$i = I_m \sin(\omega t + \theta_i) \ [\text{A}]$$

ここに，V_m，I_m は，交流電圧 v，交流電流 i の最大値で，θ_v，θ_i はそれぞれの初位相角である。

例題 2 $e = 50 \sin\left(\omega t + \dfrac{\pi}{6}\right) \ [\text{V}]$ の位相角および初位相角はいくらか。

解答 位相角 $= \omega t + \dfrac{\pi}{6} \ [\text{rad}]$，初位相角 $= \dfrac{\pi}{6} \ [\text{rad}]$

例題 3 $e_1 = 100 \sin\left(\omega t + \dfrac{\pi}{6}\right) \ [\text{V}]$ と $e_2 = 50 \sin\left(\omega t - \dfrac{\pi}{6}\right) \ [\text{V}]$ の位相差はいくらか。

解答 e_1 の初位相角は $\dfrac{\pi}{6} \ [\text{rad}]$，$e_2$ の初位相角は $-\dfrac{\pi}{6} \ [\text{rad}]$ であるから，その位相差は，

$$位相差 = \left\{\dfrac{\pi}{6} - \left(-\dfrac{\pi}{6}\right)\right\} = \dfrac{2\pi}{6} = \dfrac{\pi}{3} \ [\text{rad}]$$

問 2 $e = E_m \sin\left(\omega t + \dfrac{\pi}{3}\right) \ [\text{V}]$，$v = V_m \sin\left(\omega t + \dfrac{\pi}{4}\right) \ [\text{V}]$ の交流の位相差を求めよ。 （答 $\dfrac{\pi}{12} \ [\text{rad}]$）

4.3 交流の平均値・実効値

交流の大きさを表すには，最大値による表し方のほかに，次に学ぶ平均値や実効値が用いられる。

1 平均値

　交流の瞬時値を時間に対して平均した値を**平均値**（average value あるいは mean value）という。しかし，普通の交流の波形は，図 4・1(b)のように，ある時刻の値とそれから半周期を経過した時刻の値が同じ大きさで，しかも反対符号であるから（このような波形を**対称波**という），1 周期の間で平均すると 0 になってしまう。このため，交流の平均値は，交流の瞬時値の半周期間の平均をとっている。すなわち，図 4・10 のように，交流の瞬時値の半周期間の平均をとれば，半周期間の交流波形の面積に等しい長方形 aa′c′c ができる。その長方形の高さ a′a = c′c をもってその交流の平均値といっている。

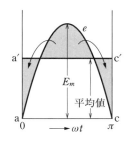

正弦波交流の平均値
$= \dfrac{2}{\pi} \times$ 最大値
$= 0.637 \times$ 最大値

図 4・10　交流の平均値

　次に，正弦波交流の平均値を求めてみよう[3]。いま，図 4・11 のように，導体が磁束密度 B [T] の平等磁界中を v [m/s] の速さで円運動するときの起電力の大きさは，式(4・7)から，

$$e = E_m \sin \varphi = E_m \sin \omega t = Blv \sin \omega t \ [\mathrm{V}]$$

――コメント――

③ **$\sin x$ の面積（記憶しておこう！）**

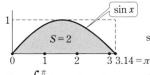

$\sin x \ (x = 0 \sim \pi)$ の面積 $S = 2$

$$S = \int_0^\pi \sin x \, dx = [-\cos x]_0^\pi = \cos 0 - \cos \pi = 1 - (-1) = 2$$

高さが E_m 倍になると，面積も E_m 倍になる。

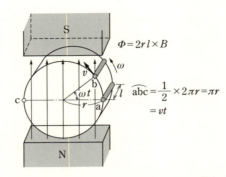

図4·11 正弦波交流の平均値を求める考え方

で表される。このとき，導体が $\overparen{abc}$ と半回転するとき，導体は $\Phi = 2rl \times B$ 〔Wb〕の磁束を切り，図4·10の e のような半波の起電力が発生するが，この間に導体が毎秒切る磁束の平均が起電力 e の平均値を表す。そして，半回転するのに要する時間は $\pi r/v$ 〔s〕であるから，

$$\text{平均値} = \frac{2rl \times B}{\pi r/v} = \frac{2}{\pi} \times Blv$$

となり，ここで $Blv = E_m$ であるから，正弦波交流の平均値は，次のようになる。

正弦波交流の平均値　　平均値 $= \dfrac{2}{\pi} \times E_m = 0.637 E_m$ 　　(4·9)

すなわち，**正弦波交流の平均値は最大値の $2/\pi = 0.637$ 倍である。**

なお，整流波のように，対称波でない場合は，1周期間の瞬時値の平均をとって平均値としている。

2　実効値

ある交流の大きさを，その交流と同じ熱エネルギーを生ずる直流の値で表し，これを交流の**実効値**（effective value あるいは root-mean-square value）という。例えば，図4·12のように，恒温そうに R 〔Ω〕の電熱線を挿入し，スイッチを切り換えて，この電熱線に瞬時値 i 〔A〕の交流と I 〔A〕の直流を別々に同

4.3 交流の平均値・実効値

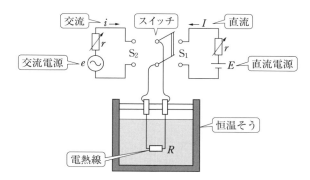

図 4·12　「Ri^2 の 1 周期間の平均 $= RI^2$」の説明図

じ時間流したとき，交流の 1 周期の間の平均の電力と直流電力が等しければ，発生する熱エネルギーは等しくなるから，このときの I を交流 i の実効値というわけである。そして，このとき，

$$Ri^2 \text{の 1 周期間の平均} = RI^2$$
$$\therefore\ I = \sqrt{i^2 \text{の 1 周期間の平均}} \tag{4·10}$$

の関係がある。このことから，**交流の実効値は，その瞬時値の 2 乗の 1 周期間の平均の平方根**（root-mean-squarevalue : r.m.s.）**で表される**。

次に，瞬時値が $i = I_m \sin \omega t$〔A〕で表される正弦波交流電流の実効値はどのような値になるかを考えてみよう。まず，式(4·10)の実効値の定義から，i^2 を求めると，

$$i^2 = (I_m \sin \omega t)^2 = I_m^2 \sin^2 \omega t = \frac{I_m^2}{2}(1-\cos 2\omega t)^{④}$$
$$= \frac{I_m^2}{2} - \frac{I_m^2}{2} \times \cos 2\omega t$$

となり，図 4·13 のように 2 倍の周波数で変化する。この i^2 の 1 周期間の平均を

───────────────────────────── コメント

④　$\sin^2 wt = \dfrac{1}{2}(1-\cos 2wt)$

　　2 倍角の公式　　$\cos^2\alpha = \cos^2\alpha = -\sin^2\alpha = 1-2\sin^2\alpha$ より導かれる。

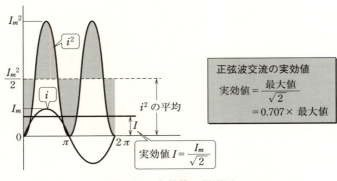

図4・13 実効値の説明図

とれば，第2項の $\dfrac{I_m{}^2}{2} \times \cos 2\omega t$ は対称波であるから0になるので，

$$i^2 \text{の1周期間の平均} = \dfrac{I_m{}^2}{2}$$

となる。したがって，実効値 I は，式(4・10)から，

$$I = \sqrt{i^2 \text{の1周期間の平均}}$$
$$= \sqrt{\dfrac{I_m{}^2}{2}} = \dfrac{I_m}{\sqrt{2}} = 0.707 I_m \text{〔A〕} \tag{4・11}$$

となる。ここまでは，電流について考えたが，一般に次の関係がある。

$$\text{正弦波交流の実効値} = \dfrac{\text{最大値}}{\sqrt{2}} = 0.707 \times \text{最大値} \tag{4・12}$$

すなわち，**正弦波交流の実効値は最大値の $1/\sqrt{2} = 0.707$ 倍である。**

以上のように，交流の大きさを表すには，最大値，平均値，実効値などがあるが，特にことわらない場合には，一般に実効値で表すことになっている。例えば，家庭用の配電線の電圧100Vは実効値のことであり，交流の電圧計，電流計などの指示も実効値で表示するようになっている。

3 波高率と波形率

交流のなかで正弦波交流が大部分をしめているが、このほかにもいろいろな波形がある。これらの波形の実態をより明確に知るために波高率や波形率を用いる。

波高率（crest factor あるいは peak factor）は、交流の最大値と実効値との比をいい、また**波形率**（form factor）は、実効値と平均値との比をいう。これらの関係を式で表せば、次のようになる。

$$波高率 = \frac{最大値}{実効値} \tag{4・13}$$

$$波形率 = \frac{実効値}{平均値} \tag{4・14}$$

次に、図 4・14 のような正弦波交流 $i = I_m \sin \omega t$ [A] の波高率、波形率を求めてみよう。

まず、i の最大値は I_m、実効値は、式(4・12)から $I_m/\sqrt{2}$ であるから、波高率は、

$$波高率 = \frac{最大値}{実効値} = \frac{I_m}{\frac{I_m}{\sqrt{2}}} = \sqrt{2} = 1.414$$

また、平均値は、式(4・9)から $\frac{2}{\pi} I_m$ であるから、波形率は、

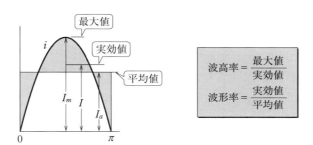

図 4・14 波高率と波形率

第4章 交流回路の基礎

表 4·1 波形率と波高率

名称	波形	実効値	平均値	波形率	波高率
方形波		A	A	1	1
半円波		$A\sqrt{\dfrac{2}{3}}$	$A\dfrac{\pi}{4}$	$\dfrac{\sqrt{\dfrac{2}{3}}}{\dfrac{\pi}{4}}=1.040$	$\dfrac{1}{\sqrt{\dfrac{2}{3}}}=1.225$
正弦波		$\dfrac{A}{\sqrt{2}}$	$A\dfrac{2}{\pi}$	$\dfrac{\pi}{2\sqrt{2}}=1.111$	$\sqrt{2}=1.414$
三角波		$\dfrac{A}{\sqrt{3}}$	$\dfrac{A}{2}$	$\dfrac{2}{\sqrt{3}}=1.155$	$\sqrt{3}=1.732$
半波整流波		$\dfrac{A}{2}$	$\dfrac{A}{\pi}$	$\dfrac{\pi}{2}=1.571$	2
全波整流波		$\dfrac{A}{\sqrt{2}}$	$A\dfrac{2}{\pi}$	$\dfrac{\pi}{2\sqrt{2}}=1.111$	$\sqrt{2}=1.414$

$$波形率 = \frac{実効値}{平均値} = \frac{\dfrac{I_m}{\sqrt{2}}}{\dfrac{2}{\pi}\times I_m} = \frac{\pi}{2\sqrt{2}} = \frac{\sqrt{2}\pi}{4} = 1.111$$

なお,表 4·1 に各種波形の波形率と波高率を示す。この表からわかるように,最も扁平な方形波では波形率も波高率も共に 1 であるが,尖った波形になるほど波形率も波高率も共に 1 より大きな値となる。

例題 1 最大値が $\sqrt{2}\times 100$〔V〕の正弦波交流の平均値 V_a〔V〕および実効値 V〔V〕を求めよ。

解答 正弦波交流の平均値 V_a は,式(4·9)から,
$$V_a = \frac{2}{\pi}\times 最大値 = \frac{2}{\pi}\times\sqrt{2}\times 100 = 90.0\text{ V}$$

実効値 V は，式(4·12)から，
$$V = \frac{1}{\sqrt{2}} \times 最大値 = \frac{1}{\sqrt{2}} \times \sqrt{2} \times 100 = 100 \text{ V}$$

例題 2 最大値が 200 V の三角波の実効値と平均値を求めよ。ただし，波高率は 1.732，波形率は 1.155 とする。

解答 実効値は，式(4·13)から，
$$実効値 = \frac{最大値}{波高率} = \frac{200}{1.732} = 115.5 \text{ V}$$
平均値は，式(4·14)から，
$$平均値 = \frac{実効値}{波形率} = \frac{115.5}{1.155} = 100 \text{ V}$$

例題 3 図 4·15 のような電流波形の実効値，平均値，波高率，波形率を求めよ。

解答 まず，実効値 I は，式(4·10)から，
$$I = \sqrt{i^2 の 1 周期間の平均}$$
$$= \sqrt{\frac{2\{I_m{}^2 + (2I_m)^2 + I_m{}^2\}\frac{\pi}{3}}{2\pi}}$$
$$= \sqrt{2}\,I_m \text{ [A]}$$

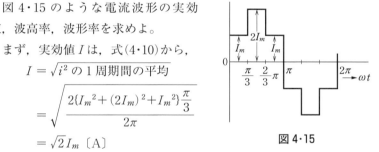

図 4·15

また，平均値 I_a は，
$$I_a = \frac{(I_m + 2I_m + I_m)\frac{\pi}{3}}{\pi} = \frac{4}{3}I_m \text{ [A]}$$

したがって，波高率，波形率は，式(4·13)，式(4·14)から，
$$波高率 = \frac{最大値}{実効値} = \frac{2I_m}{\sqrt{2}\,I_m} = \frac{2}{\sqrt{2}} = \sqrt{2} = 1.414$$
$$波形率 = \frac{実効値}{平均値} = \frac{\sqrt{2}\,I_m}{\frac{4}{3}I_m} = \frac{3\sqrt{2}}{4} = 1.061$$

第4章 交流回路の基礎

問1 $i = 50\sin\left(\omega t + \dfrac{\pi}{3}\right)$ [A] の正弦波交流の実効値および平均値を求めよ。 　　　　　　（答　実効値　35.4 A，平均値　31.8 A）

問2 波形率が1.111の交流の平均値が20 Vのとき，その交流の実効値を求めよ。　　　　　　　　　　　　　　　　　　　　　（答　22.2 V）

問3 波高率が1.414の交流電圧の実効値が100 Vであった。最大値を求めよ。　　　　　　　　　　　　　　　　　　　　　　　（答　141.4 V）

4.4 正弦波交流のベクトル表示

　正弦波交流を表す方法には，いままで学んできたように，波形で表す方法と式で表す方法がある。しかし，これらの方法で電圧や電流を取り扱う場合に，実用上非常にめんどうであり，しかも複雑である。そこで，これを比較的簡単に取り扱うために，交流をベクトルで表す方法が用いられている。

1　ベクトルとベクトル量

　物理的または数学的な量のうち，長さ，面積，質量，時間などは，ある単位とこれを用いて測定した数値で表すことができる。このような量を一般に**スカラー量**（scalar quantity）という。これに対して，力や速度などは単位と数値だけでは完全に表すことができない。例えば，同じ大きさの力を，ある物体の同じ点に加えたとしても，その力の向きを変えると，その物体の運動の向きが変わる。したがって，力はその大きさだけでなく，その向きも考えなくてはならない。このように，大きさと向きをもつ数学的対象を**ベクトル**（vector）といい，ベクトルで表される量を**ベクトル量**（vector quantity）という。

　図4・16のように，線分OPにおいて，点Oを始点，点Pを終点とし，OからPに向かう向きに矢印をつけて考えるとき，その線

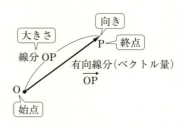

図4・16　有向線分

分を**有向線分**（ベクトル量）といい，$\overrightarrow{OP}$ で表す。あるいは単に，$\vec{r}, \vec{E}$ などのような記号を用いる。なお，電気工学関係では，$\dot{E}$ などのように量記号の上に・（ドットと読む）をつけて表すことが多い。本書では，$\dot{E}$ などを用いることにする。また，有向線分の大きさを $|\overrightarrow{OP}|, |\vec{r}|, |\dot{E}|$，あるいは単に OP，$r$，$E$ などのように表し，これを**絶対値**という。

2 ベクトルの極座標表示

図 4·17(a) のように，半直線 OX を定め，その定点 O と平面上の任意の点 P とを結ぶ線分 OP を引き，その線分の長さを r とし，OX と線分 OP のなす角を θ とすれば，点 P の位置は，この 1 組の数 (r, θ) で表すことができる。これを点 P の**極座標**といい，r を**動径**，θ を**傾角**[5]という。また，定点 O を極座標の**極**，半直線 OX を**始線**または**原線**という。

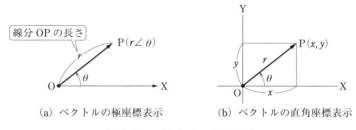

(a) ベクトルの極座標表示　　(b) ベクトルの直角座標表示

図 4·17 ベクトルの座標表示

次に，直角座標と極座標との間の関係を考えてみよう。図 4·17(b) のように，点 P の直角座標を $P(x, y)$ とする。原点 O を極とし，X 軸の正の部分を始線として，同じ点 P の極座標を $P(r, \theta)$ とすれば，このとき次の関係が成り立つ。

$$\left.\begin{array}{l} x = r\cos\theta \\ y = r\sin\theta \end{array}\right\} \quad (4\cdot15)$$

したがって，式(4·15)から次式が得られる。

$$r^2 = x^2 + y^2 \quad (4\cdot16)$$

=コメント=

[5]**傾角 θ の正の向き**　反時計方向を正と定める。

第4章 交流回路の基礎

$$\tan\theta = \frac{y}{x} \tag{4・17}$$

平面上に1点Oを定めると，任意の点Pに対して，ベクトル$\overrightarrow{OP}$が定まり，逆に，任意のベクトル$\overrightarrow{OP}$に対して，終点Pの位置が定まる。このように，平面上に1点Oを定めると，平面上の点とベクトルの間に1対1の対応がつくから，ベクトルは極座標で表され，$r\angle\theta$と書く。すなわち，ベクトル$\overrightarrow{OP}$は極座標表示すれば，

ベクトルの極座標表示 $\overrightarrow{OP} = r\angle\theta$ (4・18)

と表される。

点Pが極座標，直角座標で表されたと同じように，ベクトルも極座標，直角座標で表すことができる。特に，直角座標で表されたベクトルを**数ベクトル**といい，$\overrightarrow{OP} = (x, y)$と表す。このとき，$x$, yを数ベクトルの**成分**といい，xを**x成分**，yを**y成分**という。

次に，ベクトル$\dot{E}_1$と$\dot{E}_2$をそれぞれ極座標で表したものを$\dot{E}_1 = r_1\angle\theta_1$，$\dot{E}_2 = r_2\angle\theta_2$とすると，和の定義は，次式のようになる。

$$\dot{E} = \dot{E}_1 + \dot{E}_2 = r_1\angle\theta_1 + r_2\angle\theta_2 = r\angle\varphi \tag{4・19}$$

ここに，図4・18(a)より，

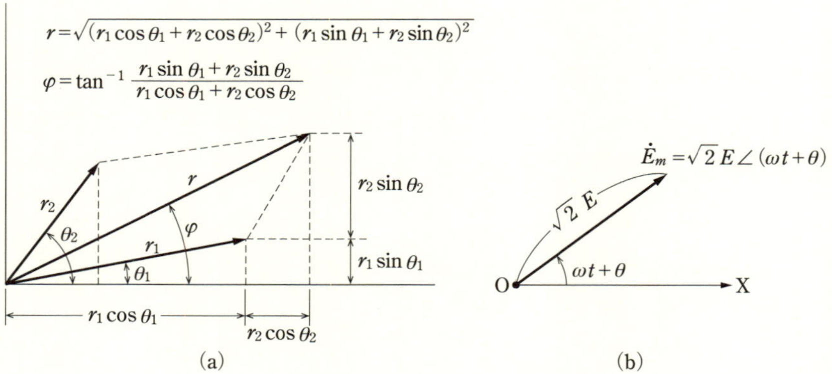

$$r = \sqrt{(r_1\cos\theta_1 + r_2\cos\theta_2)^2 + (r_1\sin\theta_1 + r_2\sin\theta_2)^2}$$

$$\varphi = \tan^{-1}\frac{r_1\sin\theta_1 + r_2\sin\theta_2}{r_1\cos\theta_1 + r_2\cos\theta_2}$$

(a)　(b)

図4・18 式(4・22)の極座標表示

$$r = \sqrt{r_1{}^2 + r_2{}^2 + 2r_1 r_2 \cos(\theta_2 - \theta_1)} \atop \varphi = \tan^{-1} \dfrac{r_1 \sin\theta_1 + r_2 \sin\theta_2}{r_1 \cos\theta_1 + r_2 \cos\theta_2} \Bigg\} \quad (4\cdot20)$$

また，m を実数とすれば，実数倍の定義は，次式のようになる。

$$m\dot{E} = m(r \angle \varphi) = mr \angle \varphi \quad (4\cdot21)$$

で表される。

次に，極座標表示によって，交流をベクトルで表す方法を考えてみよう。

式(4・8)で示したように，正弦波交流の一般式は，

$$e = E_m \sin(\omega t + \theta) \ [\mathrm{V}]$$

となる。ここに，E_m は交流の最大値，ω は角周波数，θ は初位相角，t は時間である。この最大値 E_m を実効値 E で表すと，

$$E_m = \sqrt{2}\,E$$

となるので，上式は次のようになる。

$$e = \sqrt{2}\,E \sin(\omega t + \theta) \ [\mathrm{V}] \quad (4\cdot22)$$

式(4・22)からわかるように，一般に，正弦波交流は，周波数が一定のとき，実効値 E と初位相角 θ の二つの量が与えられれば決まる。

したがって，実効値 E，初位相角 θ，角周波数 ω の正弦波交流を，図4・18(b)のように，動径 $\sqrt{2}\,E$，傾角 $\omega t + \theta$ のベクトルで表すことにする。すなわち，式(4・22)は，

$$\dot{E}_m = \sqrt{2}\,E \angle (\omega t + \theta) \quad (4\cdot23)$$

と表すことができる。

3 回転ベクトルと静止ベクトル
[1] 回転ベクトル

式(4・23)で表されるベクトル $\dot{E}_m$（図4・18(b)）は，傾角が時間 t の関数であるから，図4・19(a)のように，時間 t と共に，反時計方向に角周波数 ω で回転する。この回転するベクトルを一般に**回転ベクトル**と呼んでいる。

この回転ベクトル $\dot{E}_m$ が任意の時刻 t_1 のとき，そのY成分 e_1 は，

$$e_1 = \sqrt{2}\,E \sin(\omega t_1 + \theta)$$

である。したがって，横軸に電気角，縦軸にY成分を取って曲線を描くと，図

第4章 交流回路の基礎

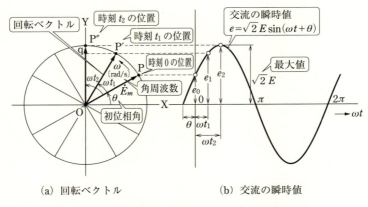

(a) 回転ベクトル　　　　　(b) 交流の瞬時値

図 4・19 回転ベクトルと交流の瞬時値

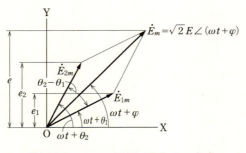

図 4・20 二つの回転ベクトルの合成

(b)のような正弦曲線となる。このように，回転ベクトルの Y 成分は，正弦波交流の瞬時値を表す。

次に，図 4・20 のような角周波数 ω の等しい二つの回転ベクトル $\dot{E}_{1m} = \sqrt{2}E_1 \angle (\omega t + \theta_1)$，$\dot{E}_{2m} = \sqrt{2}E_2 \angle (\omega t + \theta_2)$ の合成を考えてみよう。

二つの回転ベクトル $\dot{E}_{1m}$ と $\dot{E}_{2m}$ の合成は，次式のようになる。

$$\begin{aligned}
\dot{E}_m &= \dot{E}_{1m} + \dot{E}_{2m} \\
&= \sqrt{2}E_1 \angle (\omega t + \theta_1) + \sqrt{2}E_2 \angle (\omega t + \theta_2) \\
&= \sqrt{2}E \angle (\omega t + \varphi)
\end{aligned} \tag{4・24}$$

4.4 正弦波交流のベクトル表示

ここに,
$$E = \sqrt{E_1{}^2 + E_2{}^2 + 2E_1 E_2 \cos(\theta_2 - \theta_1)} \qquad (4\cdot 25)$$

$$\varphi = \tan^{-1} \frac{E_1 \sin \theta_1 + E_2 \sin \theta_2}{E_1 \cos \theta_1 + E_2 \cos \theta_2} \qquad (4\cdot 26)$$

となる。このことから,二つの回転ベクトル $\dot{E}_{1m}$ および $\dot{E}_{2m}$ を合成した $\dot{E}_m$ のY成分は,ちょうど,常に交流の瞬時値の和になっている。

このような回転ベクトルを考えると,交流の和および差をベクトルの図から簡単に求めることができる。

[2] 静止ベクトル

回転ベクトル $\dot{E}_{1m}$, $\dot{E}_{2m}$ の位相角や大きさの相互関係は,$\dot{E}_{1m}$, $\dot{E}_{2m}$ 共に同一の角周波数 ω で回転しているから,いずれの時刻でも変わらない。したがって,各回転ベクトルの位相角や大きさの関係を知るうえでは,回転ベクトルをどんな時刻で静止させても変わらないから,改めて新座標軸をとって静止させて考えてもさしつかえない。この静止させたベクトルを**静止ベクトル**という。

いま,時刻 $t = 0$ で静止させて $\theta_1 = 0$ を初期相の基準とすれば,

$$\dot{E}_{1m} = \sqrt{2} E_1 \angle 0$$
$$\dot{E}_{2m} = \sqrt{2} E_2 \angle \theta_2$$
$$\dot{E}_m = \sqrt{2} E \angle \varphi$$

となる。これを図に示せば,図 4·21 のようになる。この静止ベクトルのそれぞれを $1/\sqrt{2}$ 倍したベクトルを $\dot{E}_1$, $\dot{E}_2$, $\dot{E}$ とすれば,

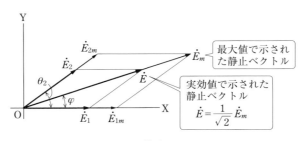

図 4·21 静止ベクトル

$$\dot{E}_1 = \frac{\dot{E}_{1m}}{\sqrt{2}} = E_1 \angle 0$$

$$\dot{E}_2 = \frac{\dot{E}_{2m}}{\sqrt{2}} = E_2 \angle \theta_2$$

$$\dot{E} = \frac{\dot{E}_m}{\sqrt{2}} = E \angle \varphi$$

となり,これは実効値で示した静止ベクトルとなる。

一般に,交流回路では,実効値や位相関係がわかれば十分なので,実効値で示された静止ベクトルが用いられる。これからは,これを単にベクトルと呼んで扱うことにする。

なお,位相角(傾角)φは,原線 OX を基準として,正の角を**進み角**,負の角を**遅れ角**として表す。

4 ベクトルの和と差

[1] ベクトルの和

二つのベクトル $\dot{E}_1$, $\dot{E}_2$ のベクトルの和を求めるには,図 4·22(a)のように,ベクトル $\dot{E}_1$ と $\dot{E}_2$ による平行四辺形を作り,その対角線 $\dot{E}$ を求めればよい。これは,$\dot{E} = \dot{E}_1 + \dot{E}_2$ と書いてベクトル和であることを表す。このようにして求める方法を**平行四辺形法**と呼んでいる。

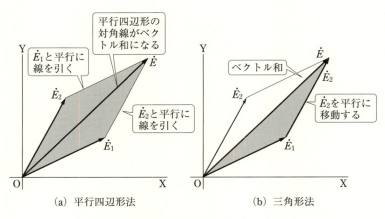

図 4·22 ベクトルの和

4.4 正弦波交流のベクトル表示

なお，図(b)のように，$\dot{E}_2$ を $\dot{E}_1$ の矢印の先端に平行移動して三角形を作って $\dot{E}$ を求めてもよい。この方法を**三角形法**と呼び，多くのベクトル和を求めるのには便利である。

[2] ベクトルの差

$\dot{E} = \dot{E}_1 - \dot{E}_2$ のベクトル差は，$\dot{E} = \dot{E}_1 + (-\dot{E}_2)$ と書けるから，$\dot{E}_1$ と $(-\dot{E}_2)$ のベクトル和を求めればよい。したがって，図4・23(a)のように，$\dot{E}_2$ の負の $-\dot{E}_2$ を描き，$\dot{E}_1$ と $-\dot{E}_2$ のベクトル和を求めればよい。しかし，図(b)のように $\dot{E}_2$ の先端から $\dot{E}_1$ の先端に向かうベクトル（$\dot{E}_1 - \dot{E}_2$）を求め，この始点を O へ平行移動して求めるほうが簡単である。

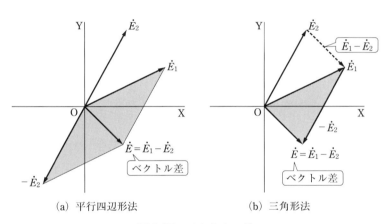

(a) 平行四辺形法　　(b) 三角形法

図4・23　ベクトルの差

例題 1　図4・24のように，$E_1 = 100$，$E_2 = 50$，$\theta = \dfrac{\pi}{6}$（遅れ）のとき，ベクトル $\dot{E}_1$ および $\dot{E}_2$ で表される正弦波交流の瞬時値の式を求めよ。

解答　$\dot{E}_1$ および $\dot{E}_2$ に対する瞬時値をそれぞれ e_1，e_2 とすれば，

$$e_1 = \sqrt{2}\,E_1 \sin \omega t = \sqrt{2} \times 100 \sin \omega t$$

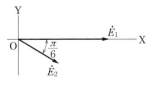

図4・24

$$e_2 = \sqrt{2}E_2\sin(\omega t+\theta)$$
$$= \sqrt{2}E_2\sin\left(\omega t-\frac{\pi}{6}\right)$$
$$= \sqrt{2}\times 50\sin\left(\omega t-\frac{\pi}{6}\right)$$

例題 2 図4·25に示すように，正弦波交流 $\dot{I}_2$ を基準とし，それより $\dot{I}_1$ は $\pi/6$ [rad] 位相が進んでいる。$I_1 = 10$ A, $I_2 = 20$ A とするとき，ベクトル $\dot{I}_2 - \dot{I}_1$ を図示し，その大きさと位相角を求めよ。

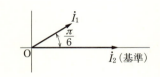

図4·25

解答 まず，$\dot{I}_2 - \dot{I}_1 = \dot{I}_2 + (-\dot{I}_1)$ と考え，$\dot{I}_2$ と $(-\dot{I}_1)$ によるベクトル和として求められる。すなわち，$\dot{I}_1$ と反対方向の $-\dot{I}_1$ を引き，この $-\dot{I}_1$ と $\dot{I}_2$ による平行四辺形の対角線から $\dot{I}_2 - \dot{I}_1$ が求まり，図4·26のようになる。

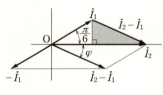

図4·26

次に，$\dot{I}_2 - \dot{I}_1$ の大きさ $|\dot{I}_2 - \dot{I}_1|$ は，図から，

$$|\dot{I}_2-\dot{I}_1| = \sqrt{\left(I_2-I_1\cos\frac{\pi}{6}\right)^2+\left(I_1\sin\frac{\pi}{6}\right)^2}$$
$$= \sqrt{I_1^2+I_2^2-2I_1I_2\cos\frac{\pi}{6}}$$
$$= \sqrt{10^2+20^2-2\times 10\times 20\times\frac{\sqrt{3}}{2}} = 12.4 \text{ A}$$

となる。また，位相角 φ は，

$$\varphi = \tan^{-1}\frac{I_1\sin\frac{\pi}{6}}{I_2-I_1\cos\frac{\pi}{6}} = \tan^{-1}\frac{10\times\frac{1}{2}}{20-10\times\frac{\sqrt{3}}{2}}$$
$$= \tan^{-1}0.441 = 23.79° = 23°47'$$

4.5 正弦波交流の基本回路

| 問1 | ベクトル $\dot{E}_1$ の大きさが100で，基準より30°進み，ベクトル $\dot{E}_2$ の大きさが50で，基準より60°遅れている。それぞれのベクトルを図示せよ。

| 問2 | 正弦波交流の瞬時値がそれぞれ，$i_1 = 20\sin\omega t$ 〔A〕，$i_2 = 40\sin\left(\omega t + \dfrac{\pi}{3}\right)$ 〔A〕のとき，その和のベクトルを示し，その大きさと位相差を求めよ。　　　　（答　$|\dot{I}_1 + \dot{I}_2| = 37.4$ A，$\varphi = 40°53'$）

| 問3 | 図4・27のベクトル $\dot{I}_1$ と $\dot{I}_2$ の和および差を図示し，それぞれの大きさと位相角を求めよ。ただし，$I_1 = 26$ A，$I_2 = 10$ A とする。

$$\begin{pmatrix} |\dot{I}_1 + \dot{I}_2| = 32.2 \text{ A}, & \varphi = 15°36' \\ |\dot{I}_1 - \dot{I}_2| = 22.7 \text{ A}, & \varphi = 22°24' \end{pmatrix}$$

図4・27　　　　　　　　　　図4・28

| 問4 | 図4・28のようなベクトル $\dot{E}_1$，$\dot{E}_2$ の和を図示し，その大きさと位相角を求めよ。ただし，$\dot{E}_1 = 100$ V，$\dot{E}_2 = 90$ V とする。
　　　　　　　　　　　（答　$|\dot{E}_1 + \dot{E}_2| = 183.5$ V，$\varphi = 14°20'$）

4.5 正弦波交流の基本回路

1　抵抗回路

図4・29に示すように，R〔Ω〕の抵抗だけの回路に正弦波交流電圧 v〔V〕，すなわち，

$$v = V_m \sin \omega t \text{〔V〕} \tag{4・27}$$

を加えたとき，抵抗回路に流れる電流 i〔A〕は，オームの法則によって，

$$i = \frac{v}{R} = \frac{V_m \sin \omega t}{R} = I_m \sin \omega t \ [\text{A}] \tag{4・28}$$

ここに,

$$I_m = \frac{V_m}{R} \tag{4・29}$$

となる。これを図に示すと図4・30のようになり，v と i は同相である。

式(4・29)の両辺を $\sqrt{2}$ で割ると,

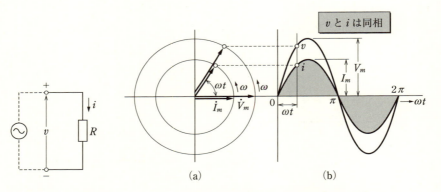

図4・29 抵抗回路 　　図4・30 抵抗回路の電圧・電流関係

$$\frac{I_m}{\sqrt{2}} = \frac{\frac{V_m}{\sqrt{2}}}{R}$$

となり，$I_m/\sqrt{2} = I$，$V_m/\sqrt{2} = V$ と置くと，次のようになる。

抵抗回路の電圧と電流の大きさの関係　　$I = \dfrac{V}{R}$ （4・30）

これは，実効値で示した電圧と電流の関係式で，直流回路で考えたオームの法則と全く同じものである。この場合，電圧 $\dot{V}$ と電流 $\dot{I}$ は同相であるから，ベクトル図を示すと図4・31(b)のようになる。また，このベクトルの文字記号を用いて抵抗回路を示せば，図(a)のようになる。

4.5 正弦波交流の基本回路

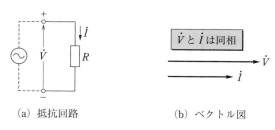

(a) 抵抗回路　　　(b) ベクトル図

図 4・31 抵抗回路とベクトル図[6]

例題 1　$10\,\mathrm{k}\Omega$ の抵抗に最大値 $20\,\mathrm{mA}$ の正弦波交流電流を流すには，いくらの電圧が必要か．最大値と実効値で示せ．

解答　抵抗に加える電圧の最大値を $V_m\,[\mathrm{V}]$ とすれば，式 (4・29) から，
$$V_m = RI_m = 10\times 10^3 \times 20 \times 10^{-3} = 200\,\mathrm{V}$$
また，その実効値 $V\,[\mathrm{V}]$ は，
$$V = \frac{V_m}{\sqrt{2}} = \frac{200}{\sqrt{2}} = \frac{200\sqrt{2}}{2} = 100\sqrt{2} = 141.4\,\mathrm{V}$$

問 1　$5\,\mathrm{k}\Omega$ の抵抗にある値の正弦波交流電圧を加えたら，電流計が $2\,\mathrm{mA}$ を指示した．電圧の最大値はいくらか．

〔ヒント〕電流計が指示する値は，電流の実効値である．

（答　$14.14\,\mathrm{V}$）

=コメント=

[6] **電圧と電流の正（プラス）の方向の表し方**　図 4・31(a) の $\dot{V}$，$\dot{I}$ につけられた矢印は共に正方向を示すもので，$\dot{I}$ については，矢印の方向に流れる電流は＋で表す．また，$\dot{V}$ については，電位上昇の方向を正と定め，矢印のあるほうが電位が高いときに＋で表す．

2 自己インダクタンス回路

図4·32に示すように，自己インダクタンス L [H] の回路に，ある交流電圧を加えたとき回路に正弦波交流電流 i が流れたとする。この電流 i を，

$$i = I_m \sin \omega t \text{ [A]} \quad (4·31)$$

と表せば，この i によって，自己インダクタンス回路に自己誘導起電力 e [V] を生ずる。e の値は，Δt 秒間に Δi [A] の電流が変化したとすれば，電流の変

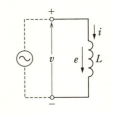

図4·32 自己インダクタンス回路

化率は $\dfrac{\Delta i}{\Delta t}$ となり，さらに e と i の正の方向を右ねじの関係に定めれば，式(2·40)から次式のようになる。

$$e = -L \times \frac{\Delta i}{\Delta t} \text{ [V]} \quad (4·32)$$

ここで，加えた電圧 v と自己誘導起電力 e との関係は，図4·32にキルヒホッフの第2法則を適用すれば，

$$v + e = 0$$

$$\therefore \quad v = -e = L \times \frac{\Delta i}{\Delta t} \text{ [V]} \quad (4·33)$$

となるから，v と e とはちょうど π [rad] の位相差がある。

次に，式(4·33)をもとに v と i との関係を調べてみよう。

いま，図4·33のように，時刻 t のときの電流を $i = I_m \sin \omega t$ [A] とし，時間が微小時間 Δt 変化したときの電流を i' とすれば，

$$i' = I_m \sin \omega(t + \Delta t)$$
$$= I_m (\sin \omega t \cos \omega \Delta t + \cos \omega t \sin \omega \Delta t) \text{ [A]} \quad (4·34)$$

そして，Δt が極めて微小であったとすれば，$\cos \omega \Delta t \fallingdotseq 1$，$\sin \omega \Delta t \fallingdotseq \omega \Delta t$ であるから，これらの関係を式(4·34)に代入すれば，

$$i' \fallingdotseq I_m (\sin \omega t + \omega \Delta t \cos \omega t) \text{ [A]}$$

で表される[7]。したがって，式(4·33)から，

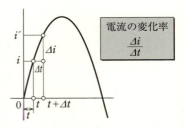

図4·33 電流 i の変化率 $\Delta i/\Delta t$

4.5 正弦波交流の基本回路

$$v = -e = L \times \frac{\Delta i}{\Delta t} = L \times \frac{i' - i}{\Delta t}$$

$$= L \times \frac{(I_m \sin \omega t + I_m \omega \Delta t \cos \omega t) - I_m \sin \omega t}{\Delta t}$$

$$= L \times \frac{I_m \omega \Delta t \cos \omega t}{\Delta t} = \omega L I_m \cos \omega t$$

$$= V_m \sin\left(\omega t + \frac{\pi}{2}\right) \text{[V]} \tag{4·35}$$

ここに,

$$V_m = \omega L I_m \text{[V]} \tag{4·36}$$

となり，電圧も正弦波交流となる。すなわち，自己インダクタンス回路に正弦波交流電圧を加えると，流れる電流も正弦波交流となる。したがって，この加えた電圧 v と電流 i および誘導起電力 e の関係を示すと，図4·34のようになる。このことから，**自己インダクタンス回路に流れる電流 i は，加えた電圧 v より $\frac{\pi}{2}$**

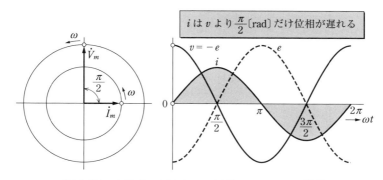

図4·34 自己インダクタンス回路の v, i, e の関係

========コメント========

⑦ $\theta \fallingdotseq 0$ での近似値，右図から，

$\cos \theta = \frac{a}{c} \fallingdotseq 1$ $\therefore a \fallingdotseq c$

$\sin \theta = \frac{b}{c} \fallingdotseq \frac{b}{a} \fallingdotseq \theta \text{[rad]}$ $\therefore \theta = \frac{b'}{a} \fallingdotseq \frac{b}{a}$

〔rad〕だけ位相が遅れる。

なお，式(4・36)の両辺を $\sqrt{2}$ で割ると，

$$\frac{V_m}{\sqrt{2}} = \omega L \times \frac{I_m}{\sqrt{2}}$$

となり，$V_m/\sqrt{2} = V$，$I_m/\sqrt{2} = I$ と置けば，次のようになる。

自己インダクタンス回路の電圧と電流の大きさの関係

$$V = \omega L I \ \text{〔V〕}, \ \text{あるいは} \ I = \frac{V}{\omega L} \ \text{〔A〕} \tag{4・37}$$

これは，実効値で示した電圧と電流の大きさの関係式である。これをベクトル図で表すと，図4・35(b)のようになり，電流 $\dot{I}$ は電圧 $\dot{V}$ よりも $\frac{\pi}{2}$ 〔rad〕だけ位相が遅れる。また，このベクトルの文字記号を用いて，自己インダクタンス回路を示せば，図(a)のようになる。

(a) 自己インダクタンス回路　　　(b) ベクトル図

図4・35 自己インダクタンス回路とベクトル図

式(4・37)の ωL は，流れる電流が ωL に反比例することを表しているので，これはちょうど抵抗のように電流の流れを妨げる作用をしている。この ωL を**誘導リアクタンス**（inductive reactance）あるいは単に**リアクタンス**といい，X_L の記号で表す。単位には抵抗と同じくオーム〔Ω〕の単位を用いる。すなわち，次式で表される。

誘導リアクタンス　$X_L = \omega L = 2\pi f L$ 〔Ω〕 (4・38)

この誘導リアクタンス X_L は，図4・36のように，L が一定のとき，周波数 f に対して比例し，直線的な変化をする。また，L の値が大きくなれば，角 α が増し，その特性は急しゅんとなる。なお，周波数 f が0，すなわち直流では X_L の値は0になる。

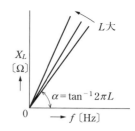

図4・36 誘導リアクタンスの周波数特性

例題2 ある回路の自己インダクタンスが 500 mH ならば，周波数が 50 Hz, 50 kHz, 50 MHz に対して誘導リアクタンス X_L はいくらか。

解答 式(4・38)から，50 Hz では，
$$X_L = 2\pi f L = 2\pi \times 50 \times 500 \times 10^{-3} = 157 \ \Omega$$
50 kHz では，
$$X_L = 2\pi f L = 2\pi \times 50 \times 10^3 \times 500 \times 10^{-3} = 157 \times 10^3 \ \Omega$$
$$= 157 \ \text{k}\Omega$$
50 MHz では，
$$X_L = 2\pi f L = 2\pi \times 50 \times 10^6 \times 500 \times 10^{-3} = 157 \times 10^6 \ \Omega$$
$$= 157 \ \text{M}\Omega$$

例題3 自己インダクタンスが 5 mH のコイルに，実効値 1 V, 50 kHz の高周波電圧を加えたとき，コイルには何ミリアンペアの電流が流れるか。

解答 電流の実効値 I [A] は，式(4・37)から，
$$I = \frac{V}{\omega L} = \frac{V}{2\pi f L} = \frac{1}{2\pi \times 50 \times 10^3 \times 5 \times 10^{-3}}$$
$$= 0.637 \times 10^{-3} \ \text{A} = 0.637 \ \text{mA}$$

問2 ある回路の自己インダクタンスが 20 mH ならば，周波数が 60 Hz に対して誘導リアクタンス X_L はいくらか。　　　　　　（答　7.54 Ω）

問3 自己インダクタンスが 0.5 H のコイルに 60 Hz, 100 V の電圧を加えたときの電流はいくらか。　　　　　　（答　0.531 A）

3 静電容量回路

図 4・37 に示すように,静電容量 C 〔F〕の回路に正弦波交流電圧 $v = V_m \sin \omega t$ 〔V〕の電圧を加えたとき,静電容量 C 〔F〕に蓄えられた電荷 q 〔C〕は,前に学んだ式(3・16)から,

$$q = Cv = CV_m \sin \omega t \text{〔C〕} \tag{4・39}$$

となる。また,電流 i は式(1・1)から,電荷の時間に対する変化率で表されるから,

$$i = \frac{\Delta q}{\Delta t} = C\frac{\Delta v}{\Delta t} \text{〔A〕} \tag{4・40}$$

となる。

したがって,いま,図 4・38 のように,時刻 t のとき q の電荷が微小時間 Δt 変化したときの電荷が q' になったとすれば,

$$q' = CV_m \sin \omega(t + \Delta t)$$
$$= CV_m(\sin \omega t \cos \omega \Delta t + \cos \omega t \sin \omega \Delta t) \text{〔C〕}$$

そして,Δt が極めて微小であったとすれば,$\cos \omega \Delta t \fallingdotseq 1$,$\sin \omega \Delta t \fallingdotseq \omega \Delta t$ であるから,

$$q' \fallingdotseq CV_m(\sin \omega t + \omega \Delta t \cos \omega t) \text{〔C〕} \tag{4・41}$$

で表される。したがって,式(4・40)から,

$$i = \frac{\Delta q}{\Delta t} = \frac{q' - q}{\Delta t}$$

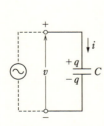

図 4・37 静電容量回路

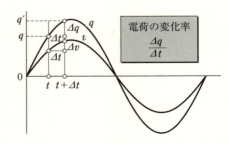

図 4・38 電荷 q,電圧 v の変化率 $\frac{\Delta q}{\Delta t}$

4.5 正弦波交流の基本回路

$$= \frac{(CV_m \sin \omega t + CV_m \omega \Delta t \cos \omega t) - CV_m \sin \omega t}{\Delta t}$$

$$= \frac{CV_m \omega \Delta t \cos \omega t}{\Delta t} = \omega CV_m \cos \omega t = I_m \sin\left(\omega t + \frac{\pi}{2}\right) \quad (4 \cdot 42)$$

ここに,

$$I_m = \omega CV_m \text{〔A〕} \quad (4 \cdot 43)$$

すなわち,静電容量回路でも,正弦波交流電圧を加えると,正弦波交流電流が流れる[8]。この加えた電圧 v と電荷 q および電流 i の関係を示すと,図 4·39 のようになる。このことから,**静電容量回路に流れる電流 i は,加えた電圧 v より $\frac{\pi}{2}$ 〔rad〕だけ位相が進む。**

なお,式(4·43)の両辺を $\sqrt{2}$ で割ると,

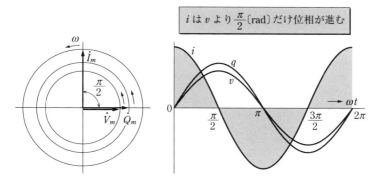

図 4·39 静電容量回路の $\dot{v}, q, i$ の関係

―――――――――――――――――――――――――――――― コメント

[8] 以上のように,R,L,C どの回路でも,正弦波交流電圧を加えると正弦波交流電流が流れる。すなわち,加えた電圧の波形が正弦波形ならば流れる電流の波形も正弦波形となる。このように,R と L と C の回路に加えた電圧と同じ波形の電流が流れるのは正弦波交流の場合だけである。一般に,正弦波交流が用いられる理由の一つはこのためである。しかし,L の場合,鉄心の磁気飽和があると電流は正弦波ではなくなる。

第4章 交流回路の基礎

$$\frac{I_m}{\sqrt{2}} = \omega C \frac{V_m}{\sqrt{2}}$$

となり，$I_m/\sqrt{2} = I$，$V_m/\sqrt{2} = V$ と置くと，次のようになる．

静電容量回路の電流と電圧の大きさの関係

$$I = \omega CV = \frac{V}{\dfrac{1}{\omega C}} \ [\mathrm{A}] \tag{4・44}$$

これは，実効値で示した電流と電圧の関係式である．これをベクトル図で表すと，図4・40(b)のようになり，電流 $\dot{I}$ は電圧 $\dot{V}$ より $\dfrac{\pi}{2}$ [rad] だけ位相が進む．また，このベクトルの文字記号を用いて静電容量回路を示せば，図(a)のようになる．

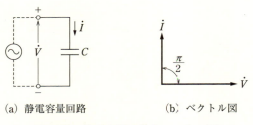

(a) 静電容量回路　　　(b) ベクトル図

図4・40 静電容量回路とベクトル図

式(4・44)の $\dfrac{1}{\omega C}$ は，流れる電流が $\dfrac{1}{\omega C}$ に反比例することを表しているので，この $\dfrac{1}{\omega C}$ を**容量リアクタンス**（capacitive reactance）あるいは単に**リアクタンス**といい，X_C の記号で表す．単位にはオーム [Ω] の単位を用いる．すなわち，次のように表される．

容量リアクタンス　$X_C = \dfrac{1}{\omega C} = \dfrac{1}{2\pi f C}$ [Ω] (4・45)

この容量リアクタンス X_C は，図4・41のように，C が一定のとき，周波数 f が0，すなわち直流では，X_C は無限大となり，電流を通さないが，f が高くなるにつれて X_C の値は減少していき，だんだん電流が通りやすくなり，f が無限大では X_C の値は0になる。このように，X_C と周波数の関係は直角双曲線となる。

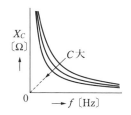

図4・41 容量リアクタンスの周波数特性

例題 4 1 μF のコンデンサの 50 Hz および 50 kHz に対する容量リアクタンス X_C を求めよ。

解答 式(4・45)から，50 Hz のとき，
$$X_C = \frac{1}{\omega C} = \frac{1}{2\pi f C} = \frac{1}{2\pi \times 50 \times 1 \times 10^{-6}}$$
$$= 3.18 \times 10^3 \ \Omega = 3.18 \ \mathrm{k\Omega}$$

50 kHz のとき，
$$X_C' = 10^{-3} \times X_C = 10^{-3} \times 3.18 \times 10^3 = 3.18 \ \Omega$$

例題 5 100 μF のコンデンサに 60 Hz，100 V の電圧を加えたとき，何アンペアの電流が流れるか。また，電圧を基準にしてベクトル図を描け。

解答 コンデンサに流れる電流 I 〔A〕は，式(4・44)から，
$$I = \omega C V = 2\pi f C V$$
$$= 2\pi \times 60 \times 100 \times 10^{-6} \times 100 = 3.77 \ \mathrm{A}$$

となる。この $\dot{I}$ は $\dot{V}$ より $\dfrac{\pi}{2}$ 〔rad〕だけ位相が進むから，ベクトル図は図4・42のようになる。

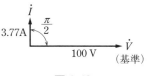

図4・42

問 4 10 kHz の高周波電圧をコンデンサに加えたら，その容量リアクタンスが 16 Ω であった。このコンデンサの静電容量を求む。

（答　0.995 μF）

第4章 交流回路の基礎

問5 1 kΩ の容量リアクタンスをもつコンデンサに 10 V の正弦波交流電圧を加えたとき,電流はいくらか。　　　　　　　（答　10 mA）

以上で,純粋の R, L, C がそれぞれ単独にある回路について学んだが,ここで,その基本的な事がらを比較対照できるように,表4·2にまとめて示しておこう。

表4·2 R, L, C の比較

回路名称	回　路　図	v, i の瞬時値	v, i の波形と位相	ベクトル図と位相（電圧基準）	V, I の計算式
抵抗回路		$v = V_m \sin \omega t$ [V] $i = I_m \sin \omega t$ [A]		同相電流	$V = RI$ [V] $I = \dfrac{V}{R}$ [A]
自己インダクタンス回路		$v = V_m \sin \omega t$ [V] $i = I_m \sin\left(\omega t - \dfrac{\pi}{2}\right)$ [A]		$\dfrac{\pi}{2}$ の遅れ電流	$V = X_L I = \omega L I$ $\quad = 2\pi f L I$ [V] $I = \dfrac{V}{X_L} = \dfrac{V}{\omega L}$ $\quad = \dfrac{V}{2\pi f L}$ [A]
静電容量回路		$v = V_m \sin \omega t$ [V] $i = I_m \sin\left(\omega t + \dfrac{\pi}{2}\right)$ [A]		$\dfrac{\pi}{2}$ の進み電流	$V = X_C I = \dfrac{I}{\omega C}$ $\quad = \dfrac{I}{2\pi f C}$ [V] $I = \dfrac{V}{X_C} = \omega C V$ $\quad = 2\pi f C V$ [A]

実際には,R, L, C が組み合わさって,複号した回路となっているのが普通である。そこで,次の第5章で,R, L, C の種々の組み合された形の回路となったときの,電圧と電流などの関係,またそれらに関連した事がらについて,さらに一歩進めて調べることにしよう。

第4章

復習問題

―――― 基 本 問 題 ――――

1. 図 4・43(a), (b)のような交流電圧 v, 電流 i の波形の初位相角と位相差を示し, 波形の進み, 遅れを明記せよ.

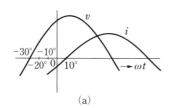
(a)

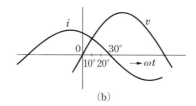
(b)

図 4・43

2. 電圧 $v = \sqrt{2} \times 100 \sin(100\pi t + \pi/12)$ [V] を加えたら, $i = \sqrt{2} \times 5 \sin(100\pi t - \pi/12)$ [A] の電流が流れる回路がある. 次の問に答えよ.
   ① 電圧および電流の実効値, 最大値を求めよ.
   ② 周波数, 周期を求めよ.
   ③ 電圧と電流の位相差を求めよ. また, 電流は電圧に対して進みか遅れか.
   ④ v, i のベクトル $\dot{V}$, $\dot{I}$ の関係を示せ.

3. $i = \sqrt{2} \times 100 \sin\left(314t + \dfrac{\pi}{6}\right)$ [A] の交流が流れている. この電流の最大値, 実効値, 平均値, 角周波数, 周波数, 位相角, 初位相角を求めよ.

4. $i = 100 \sin \omega t$ [A] で表される交流において, $\omega t = \pi/3$, $\pi/2$, $2\pi/3$, $4\pi/3$ [rad] のそれぞれの瞬時値を求めよ.

5. $v = 100 \sin \omega t$ [V] の電圧より位相が $\dfrac{\pi}{6}$ [rad] 遅れで, 角周波数が ω [rad/s], 最大値 10 A の電流の瞬時値の式を示せ.

6. $e_1 = \sqrt{2} \times 200 \sin \omega t$ [V], $e_2 = \sqrt{2} \times 200 \sin(\omega t + \pi/2)$ [V] で表される二つの起電力について, 次の問に答えよ.
   ① e_1, e_2 を表すベクトル $\dot{E}_1$, $\dot{E}_2$ を描き, $\dot{E}_1 + \dot{E}_2 = \dot{E}$ および $\dot{E}_1 - \dot{E}_2 = \dot{E}'$ の大きさおよび位相角を求めよ.

② ベクトル $\dot{E}$ および $\dot{E}'$ で表される電圧の瞬時値 e, e' の式を示せ。
7. $L = 0.1\,\mathrm{H}$ の自己インダクタンスに $100\,\mathrm{V}$, $50\,\mathrm{Hz}$ の正弦波交流電圧を加えると、その誘導リアクタンス $X_L\,[\Omega]$, および電流 $I\,[\mathrm{A}]$ はいくらか。
8. $50\,\mathrm{Hz}$ において、$200\,\Omega$ の誘導リアクタンスをもつコイルがある。自己インダクタンスはいくらか。ただし、コイルの抵抗は無視する。
9. $10\,\mu\mathrm{F}$ の静電容量をもったコンデンサに $50\,\mathrm{Hz}$, $3.14\,\mathrm{A}$ の電流を流すには何ボルトの電圧を必要とするか。

―――――― 発 展 問 題 ――――――

1. 二つの交流 $e = E_m \sin(\omega t - \pi/6)\,[\mathrm{V}]$, $i = I_m \sin(\omega t + \pi/3)\,[\mathrm{A}]$ がある。次の問に答えよ。
    ① 両交流の位相差 θ を求めよ。
    ② e と i の位相の進み、遅れの関係を求めよ。
    ③ e, i のベクトル $\dot{E}$, $\dot{I}$ を図示せよ。
    ④ e を表すベクトル $\dot{E}$ を基準としたとき、i を表すベクトル $\dot{I}$ の位相の進み、遅れの関係を求めよ。
2. 図4・44(a), (b)はある電圧の正の半サイクル（対称波）の波形である。この波形の平均値 V_a, 実効値 V, 波形率、波高率を求めよ。

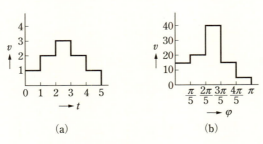

図 4・44

3. $e_1 = \sqrt{2} \times 173 \sin\left(\omega t + \dfrac{\pi}{3}\right)\,[\mathrm{V}]$, $e_2 = \sqrt{2} \times 100 \sin\left(\omega t - \dfrac{\pi}{6}\right)\,[\mathrm{V}]$ で表される二つの起電力について、次の問に答えよ。
    ① e_1, e_2 を表すベクトル $\dot{E}_1$, $\dot{E}_2$ を描き、$\dot{E}_1 + \dot{E}_2 = \dot{E}$ および $\dot{E}_1 - \dot{E}_2 = \dot{E}'$ の大きさおよび位相角を求めよ。

② ベクトル $\dot{E}$ および $\dot{E}'$ で表される電圧の瞬時値の式を示せ。

4. 実効値 100 V の起電力を表すベクトル $\dot{E}_1$ と $\dot{E}_2$ があり，$\dot{E}_2$ は $\dot{E}_1$ より $\dfrac{\pi}{3}$ 〔rad〕位相が進んでいる。$\dot{E}_1$ をベクトルの基準として，ベクトル $\dot{E}_1$，$\dot{E}_2$ を描き $\dot{E}_1 + \dot{E}_2$ および $\dot{E}_1 - \dot{E}_2$ の大きさと位相角を求めよ。

5. 実効値 200 V で，互いに $2\pi/3$ 〔rad〕の位相差のある三つの電圧を合成したときどうなるか。ベクトル図を描き説明せよ。

6. 実効値 100 V の電圧を表すベクトル $\dot{V}_a$ に，次の電圧を表すベクトル $\dot{V}_b$ を加えたときの合成電圧の実効値 V_c を求めよ。

① 実効値 100 V で位相が $\dfrac{\pi}{12}$ 〔rad〕進んでいる電圧

② 実効値 100 V で位相が $\dfrac{\pi}{4}$ 〔rad〕遅れている電圧

―――― チャレンジ問題 ――――

1. 次にあげてある各2組の正弦波交流電圧・電流において，どちらがどれほど位相が進み，または遅れているか。

① $e_1 = 100 \sin\left(\omega t - \dfrac{\pi}{10}\right)$，$e_2 = 50 \sin\left(\omega t + \dfrac{\pi}{5}\right)$

② $i_1 = 20 \sin\left(\omega t + \dfrac{\pi}{6}\right)$，$i_2 = 10 \cos\left(\omega t - \dfrac{\pi}{6}\right)$

2. 図 4·45 のように，最大値が 30 A である三角波の (a) 平均値，(b) 実効値，(c) 波高率，(d) 波形率を求めよ。

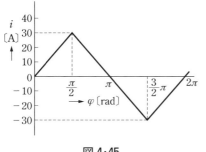

図 4·45

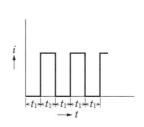

図 4·46

3. 図4・46のような波形をもつパルス電流の平均値が15 Aであるとすれば，この電流の実効値はいくらか．

4. 図4・47のようなベクトルで表される電圧 $\dot{E}_1$, $\dot{E}_2$ がある．
   $$\dot{E}_0 = \dot{E}_1 - \dot{E}_2$$
   であるとき，E_0 の値および E_1 との位相差はいくらか．ただし，$E_1 = 200 \text{ V}$, $E_2 = 150 \text{ V}$ とする．

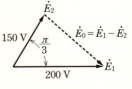

図4・47

5. あるコイルに25 Hz, 120 Vの正弦波電圧を加えたとき5 Aの電流が流れた．このコイルに50 Hz, 120 Vの正弦波電圧を加える場合には何アンペアの電流が流れるか．また，このコイルの自己インダクタンスはいくらか．ただし，このコイルは自己インダクタンスだけをもっているとする．

6. 50 Hz, 200 Vの交流回路にコンデンサを接続し，このコンデンサに50 Aの電流が流れるようにしたい．コンデンサの静電容量をいくらにしたらよいか．

第5章 交流回路の電圧・電流・電力

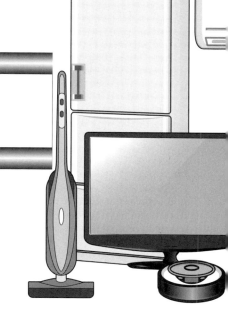

直流回路では,電流を妨げるものは抵抗のみであったが,交流回路では,さらに自己インダクタンス,相互インダクタンス,静電容量などが含まれてくる。これらの各要素が組み合わさって,実際の交流回路が形成される。

そこで,本章では,基礎的な正弦波交流回路の電圧と電流の関係,さらに電力などについて学習する。

5.1 直 列 回 路

1 R-L 直列回路

図5・1(a)のように,抵抗 R 〔Ω〕と自己インダクタンス L 〔H〕の直列回路に,角周波数 ω 〔rad/s〕,実効値 V 〔V〕の正弦波交流電圧を加え,電流 I 〔A〕が流れている場合について調べてみよう。

いま,R-L の直列回路に電源電圧 $\dot{V}$ 〔V〕を加えたとき,R および L の端子電圧を $\dot{V}_R$ 〔V〕および $\dot{V}_L$ 〔V〕とすれば,式(4・30),(4・37)から,

$$V_R = RI \ \text{〔V〕} \quad (\dot{V}_R \text{は} \dot{I} \text{と同相}) \tag{5・1}$$

$$V_L = \omega L I = X_L I \ \text{〔V〕} \tag{5・2}$$

($\dot{V}_L$ は $\dot{I}$ より $\pi/2$ 〔rad〕位相が進む)

となる。そして,回路の全電圧 $\dot{V}$ は,$\dot{V}_R$ と $\dot{V}_L$ のベクトル和であるから,

$$\dot{V} = \dot{V}_R + \dot{V}_L \tag{5・3}$$

第5章 交流回路の電圧・電流・電力

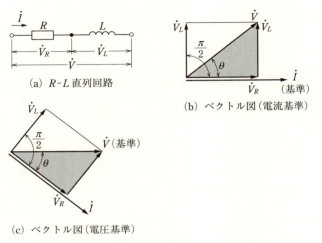

(a) R-L 直列回路
(b) ベクトル図（電流基準）
(c) ベクトル図（電圧基準）

図 5・1 R-L 直列回路とベクトル図

となり，電流 $\dot{I}$ を基準[①]にとると，$\dot{V}_R$ は $\dot{I}$ と同相であり，$\dot{V}_L$ は $\dot{I}$ より $\pi/2$〔rad〕位相が進むから，ベクトル図は図(b)のようになる。

したがって，このベクトル図から，

$$V = |\dot{V}| = \sqrt{V_R^2 + V_L^2} = \sqrt{(RI)^2 + (\omega L I)^2}$$
$$= \sqrt{R^2 + (\omega L)^2} \times I \qquad (5\cdot4)$$

となり，回路の全電流 I および電圧と電流の位相差 θ は，次のようになる。

R-L 直列回路の電流の大きさおよび電圧と電流の位相差

$$I = \frac{V}{\sqrt{R^2 + (\omega L)^2}} \text{〔A〕} \qquad (5\cdot5)$$

$$\theta = \tan^{-1} \frac{V_L}{V_R} = \tan^{-1} \frac{\omega L}{R} \qquad (5\cdot6)$$

============================ コメント

①**ベクトルの基準の取り方**　一般に，直列回路の場合は，共通の電流 $\dot{I}$ を基準にとってベクトル図を描いたほうが描きやすい。電圧 $\dot{V}$ を基準にとってベクトル図を描くと図 5・1(c)のようになる。

なお，並列回路の場合は，共通の電圧 $\dot{V}$ を基準にとるほうがよい。

この場合，電流 I の流れを妨げる要素は，式(5・5)の V/I で表される $\sqrt{R^2+(\omega L)^2}$ である。一般に，交流回路では，このような V/I の形で電流を制限するものを**インピーダンス**（impedance）といい，Z という記号で表し，オーム〔Ω〕の単位を用いる。すなわち，R-L の直列回路のインピーダンス Z は，

R-L 直列回路のインピーダンス　$Z = \sqrt{R^2+(\omega L)^2}$ 〔Ω〕 (5・7)

となり，これを用いると，式(5・5)は，次式のように表される。

$$Z = \frac{V}{I} \text{〔Ω〕}, \quad I = \frac{V}{Z} \text{〔A〕}, \quad V = ZI \text{〔V〕} \tag{5・8}$$

なお，$\dot{V}$ と $\dot{I}$ との位相差 θ を**インピーダンス角**（impedance angle）とも呼んでいる。

また，式(5・6)と式(5・7)は，図 5・2 のような直角三角形の形で記憶しておくと便利である。このような形で表したものを**直列回路のインピーダンス三角形**と呼ぶことにする。

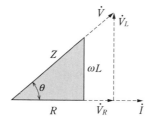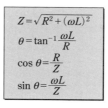

図 5・2　R-L 直列回路のインピーダンス三角形

例題 1　抵抗が 10 Ω，自己インダクタンスが 50 mH の R-L 直列回路に，60 Hz の正弦波交流電圧を加えたときのインピーダンスの大きさを求めよ。

解答　インピーダンス Z は，式(5・7)から，
$$Z = \sqrt{R^2+(\omega L)^2} = \sqrt{R^2+(2\pi fL)^2}$$
$$= \sqrt{10^2+(2\pi \times 60 \times 50 \times 10^{-3})^2} = 21.3 \text{ Ω}$$

第5章 交流回路の電圧・電流・電力

例題2 抵抗 R が $50\,\mathrm{k}\Omega$，リアクタンス X_L が $100\,\mathrm{k}\Omega$ の R-L 直列回路に，$100\,\mathrm{V}$ の正弦波交流電圧を加えたとき，流れる電流の値および電圧と電流の位相差 θ を求めよ．また，電流を基準にしてベクトル図を描け．

解答 回路に流れる電流 I は，式(5・5)から，

$$I = \frac{V}{\sqrt{R^2+X_L{}^2}} = \frac{100}{\sqrt{(50\times 10^3)^2+(100\times 10^3)^2}}$$

$$= 0.894\times 10^{-3}\,\mathrm{A} = 0.894\,\mathrm{mA}$$

また，位相差 θ は，式(5・6)から，

$$\theta = \tan^{-1}\frac{X_L}{R} = \tan^{-1}\frac{100\times 10^3}{50\times 10^3} = \tan^{-1}2$$

$$= 63.43° = 63°26'$$

電流 $\dot{I}$ を基準にとってベクトル図を描けば，図5・3のようになる．

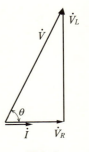

図5・3

問1 $R = 3\,\Omega$，$L = 12.8\,\mathrm{mH}$ の直列回路に $100\,\mathrm{V}$，$50\,\mathrm{Hz}$ の正弦波交流電圧を加えたとき，X_L，Z，I，V_R，V_L，θ，$\cos\theta$，$\sin\theta$ はいくらか．

（答　$X_L = 4\,\Omega$，$Z = 5\,\Omega$，$I = 20\,\mathrm{A}$，$V_R = 60\,\mathrm{V}$，
$V_L = 80\,\mathrm{V}$，$\theta = 53°$，$\cos\theta = 0.6$，$\sin\theta = 0.8$）

2　R-C 直列回路

図5・4(a)のように，抵抗 $R\,[\Omega]$ と静電容量 $C\,[\mathrm{F}]$ の直列回路に，角周波数 $\omega\,[\mathrm{rad/s}]$，実効値 $V\,[\mathrm{V}]$ の正弦波交流電圧を加え，電流 $\dot{I}\,[\mathrm{A}]$ が流れている場合について調べてみよう．

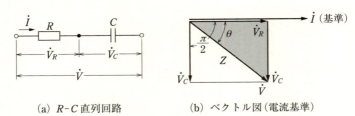

(a) R-C 直列回路　　(b) ベクトル図（電流基準）

図5・4　R-C 直列回路とベクトル図

5.1 直列回路

この場合，R および C の端子電圧をそれぞれ $\dot{V}_R$ [V]，$\dot{V}_C$ [V] とすれば，

$$\left.\begin{array}{l} V_R = RI \text{ [V]} \quad (\dot{V}_R \text{ は } \dot{I} \text{ と同相}) \\ V_C = \dfrac{1}{\omega C} \times I = X_C I \text{ [V]} \\ \left(\dot{V}_C \text{ は } \dot{I} \text{ より } \dfrac{\pi}{2} \text{ [rad] 位相が遅れる}\right) \end{array}\right\} \quad (5 \cdot 9)$$

となる。そして，回路の全電圧 $\dot{V}$ は，$\dot{V}_R$ と $\dot{V}_C$ のベクトル和であるから，

$$\dot{V} = \dot{V}_R + \dot{V}_C$$

となり，電流 $\dot{I}$ を基準にとると，$\dot{V}_R$ は $\dot{I}$ と同相であり，$\dot{V}_C$ は $\dot{I}$ より $\dfrac{\pi}{2}$ [rad] 位相が遅れるから，ベクトル図は図(b)のようになる。

したがって，このベクトル図から，

$$V = |\dot{V}| = \sqrt{V_R{}^2 + V_C{}^2} = \sqrt{(RI)^2 + \left(\dfrac{I}{\omega C}\right)^2} = \sqrt{R^2 + \left(\dfrac{1}{\omega C}\right)^2} \times I$$

となり，回路の全電流 I は，次のようになる。

R-C 直列回路の電流とインピーダンス

$$I = \dfrac{V}{\sqrt{R^2 + \left(\dfrac{1}{\omega C}\right)^2}} = \dfrac{V}{Z} \text{ [A]} \quad (5 \cdot 10)$$

ここに，

$$Z = \sqrt{R^2 + \left(\dfrac{1}{\omega C}\right)^2} = \sqrt{R^2 + X_C{}^2} \text{ [Ω]} \quad (5 \cdot 11)$$

また，$\dot{V}$ と $\dot{I}$ の位相差 θ は，次のようになる。

電圧と電流の位相差　$\theta = \tan^{-1} \dfrac{V_C}{V_R} = \tan^{-1} \dfrac{\dfrac{1}{\omega C}}{R}$

$$= \tan^{-1} \dfrac{1}{\omega CR} \quad (5 \cdot 12)$$

なお，この場合のインピーダンス三角形は，図 5・5 のようになる。

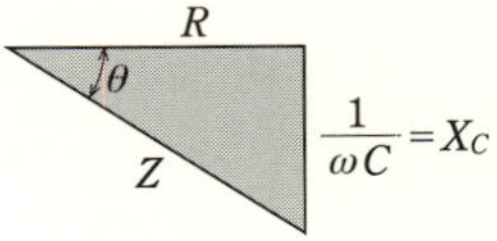

第5章　交流回路の電圧・電流・電力

$$Z = \sqrt{R^2 + \left(\frac{1}{\omega C}\right)^2}$$

$$\theta = \tan^{-1}\frac{\frac{1}{\omega C}}{R} = \tan^{-1}\frac{1}{\omega CR}$$

$$\cos\theta = \frac{R}{Z} \quad \sin\theta = \frac{\frac{1}{\omega C}}{Z} = \frac{1}{\omega CZ}$$

図5・5　R-C 直列回路のインピーダンス三角形

例題3　抵抗が 50 Ω，コンデンサの容量が 2 μF の R-C 直列回路に，1 kHz の交流電圧を加えたときのインピーダンスを求めよ。

解答　R-C 直列回路のインピーダンス Z は，式(5・11)から，

$$Z = \sqrt{R^2 + \left(\frac{1}{\omega C}\right)^2} = \sqrt{50^2 + \left(\frac{1}{2\pi \times 10^3 \times 2 \times 10^{-6}}\right)^2} = 94\ \Omega$$

例題4　抵抗が 40 Ω，コンデンサの容量が 100 μF の直列回路に，60 Hz，100 V の電圧を加えたときの電流の値を求めよ。また，抵抗およびコンデンサの端子電圧，電流と電圧の位相差 θ を求め，電流を基準にしてベクトル図を描け。

解答　まず，電流 I〔A〕は，式(5・10)から，

$$I = \frac{V}{\sqrt{R^2 + \left(\frac{1}{\omega C}\right)^2}} = \frac{100}{\sqrt{40^2 + \left(\frac{1}{2\pi \times 60 \times 100 \times 10^{-6}}\right)^2}}$$

$$= \frac{100}{48} = 2.08\ \text{A}$$

次に，R および C の端子電圧を V_R, V_C〔V〕とすれば，式(5・9)から，

$$V_R = RI = 40 \times 2.08 = 83.2\ \text{V}$$

$$V_C = \frac{I}{\omega C} = \frac{I}{2\pi f C} = \frac{2.08}{2\pi \times 60 \times 100 \times 10^{-6}} = 55.2\ \text{V}$$

また，位相差 θ は，式(5・12)から，

$$\theta = \tan^{-1} \frac{\frac{1}{\omega C}}{R} = \tan^{-1} \frac{1}{\omega CR}$$

$$= \tan^{-1} \frac{1}{2\pi \times 60 \times 100 \times 10^{-6} \times 40}$$

$$= \tan^{-1} 0.663 = 33.54° = 33°32'$$

電流を基準にとってベクトル図を描くと，図5·6のようになる。

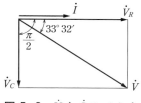

図 5·6 $\dot{V}$ と $\dot{I}$ のベクトル図

問2 $R = 50\,\Omega$，$C = 600\,\mu\text{F}$ を直列にし，50 Hz，100 V の交流電圧を加えたときの電流および位相差を求めよ。　　（答　1.99 A，6°43′）

3　R-L-C 直列回路

図5·7のように，抵抗 R〔Ω〕，自己インダクタンス L〔H〕，静電容量 C〔F〕の直列回路に，角周波数 ω〔rad/s〕，実効値 V〔V〕の正弦波交流電圧を加え，この回路に I〔A〕の電流が流れた場合を考えてみよう。

この場合，R，L，C のそれぞれの端子電圧を $\dot{V}_R$，$\dot{V}_L$，$\dot{V}_C$〔V〕とすれば，

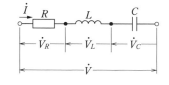

図 5·7　R-L-C の直列回路

$$\left.\begin{aligned}
&V_R = RI\,[\text{V}] \quad (\dot{V}_R \text{ は } \dot{I} \text{ と同相}) \\
&V_L = \omega LI = X_L I\,[\text{V}] \\
&\left(\dot{V}_L \text{ は } \dot{I} \text{ より } \frac{\pi}{2}\,[\text{rad}]\text{位相が進む}\right) \\
&V_C = \frac{1}{\omega C} \times I = X_C I\,[\text{V}] \\
&\left(\dot{V}_C \text{ は } \dot{I} \text{ より } \frac{\pi}{2}\,[\text{rad}]\text{位相が遅れる}\right)
\end{aligned}\right\} \quad (5\cdot13)$$

となる。そして，回路の全電圧 $\dot{V}$ は，$\dot{V}_R$，$\dot{V}_L$，$\dot{V}_C$ のベクトル和であるから，次式のようになる。

$$\dot{V} = \dot{V}_R + \dot{V}_L + \dot{V}_C$$

[1] $X_L > X_C$ の場合

この場合は，誘導リアクタンス X_L が容量リアクタンス X_C よりも大きいので，電流 $\dot{I}$ を基準にとって考えると，$\dot{V}_R$ は $\dot{I}$ と同相であり，$\dot{V}_L$ は $\dot{I}$ より $\pi/2$ [rad] 位相が進み，$\dot{V}_C$ は $\dot{I}$ より $\pi/2$ [rad] 位相が遅れるから，$|\dot{V}_L + \dot{V}_C| = (X_L - X_C)I$ となる。また，$\dot{V}_L + \dot{V}_C$ は $\dot{I}$ より $\pi/2$ [rad] 位相が進み，ベクトル図は図 5·8(a) のようになる。

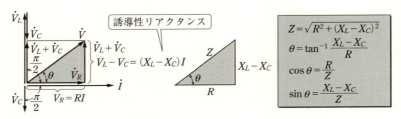

(a) $X_L > X_C$ の場合のベクトル図　　(b) インピーダンス三角形

図 5·8 ベクトル図とインピーダンス三角形（$X_L > X_C$ の場合）

したがって，このベクトル図から，

$$V = |\dot{V}| = \sqrt{V_R^2 + (V_L - V_C)^2}$$
$$= \sqrt{(RI)^2 + (X_L I - X_C I)^2}$$
$$= \sqrt{R^2 + (X_L - X_C)^2} \times I \text{ [V]}$$

となり，回路の全電流 I は，次のようになる。

R-L-C 直列回路（$X_L > X_C$）の電流とインピーダンス

$$I = \frac{V}{\sqrt{R^2 + (X_L - X_C)^2}} = \frac{V}{\sqrt{R^2 + \left(\omega L - \dfrac{1}{\omega C}\right)^2}}$$

$$= \frac{V}{Z} \text{ [A]} \tag{5·14}$$

ここに，

$$Z = \sqrt{R^2 + (X_L - X_C)^2} = \sqrt{R^2 + \left(\omega L - \dfrac{1}{\omega C}\right)^2} \text{ [Ω]} \tag{5·15}$$

また，$\dot{V}$ と $\dot{I}$ の位相差 θ は，次のようになる。

電圧と電流の位相差 $\quad \theta = \tan^{-1} \dfrac{X_L - X_C}{R} = \tan^{-1} \dfrac{\omega L - \dfrac{1}{\omega C}}{R}$ (5・16)

この場合，$X_L > X_C$ の条件であるから，$X_L - X_C = \omega L - \dfrac{1}{\omega C} > 0$ となる。したがって，このときは**誘導性リアクタンス**になって，$\dot{V}$ は $\dot{I}$ より θ〔rad〕位相が進む。すなわち，回路には電圧より遅れた電流が流れることになる。

[2] $X_L < X_C$ の場合

こんどは，容量リアクタンス X_C が誘導リアクタンス X_L より大きい場合である。電流 $\dot{I}$ を基準にとって考えると，$\dot{V}_R$ は $\dot{I}$ と同相で，$\dot{V}_L$ は $\dot{I}$ より $\pi/2$〔rad〕位相が進み，$\dot{V}_C$ は $\dot{I}$ より $\pi/2$〔rad〕位相が遅れ，しかも $X_L < X_C$ であるから，$|\dot{V}_L + \dot{V}_C| = (X_C - X_L)I$ となって，$\dot{V}_L + \dot{V}_C$ は $\dot{I}$ より $\pi/2$〔rad〕位相が遅れることになるので，ベクトル図は図5・9(a)のようになる。

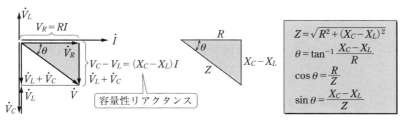

(a) $X_L < X_C$ の場合のベクトル図　　(b) インピーダンス三角形

図 5・9 ベクトル図とインピーダンス三角形（$X_L < X_C$ の場合）

この場合は，$X_L < X_C$ の条件であるから，$X_L - X_C = \omega L - \dfrac{1}{\omega C} < 0$ となるので，式(5・14)，式(5・15)，式(5・16)の $\omega L - \dfrac{1}{\omega C}$ は負の値となる。したがって，このときは**容量性リアクタンス**になって，$\dot{V}$ は $\dot{I}$ より θ〔rad〕位相が遅れる。すなわち，回路には進み電流が流れることになる。

[3] $X_L = X_C$ の場合

この場合は，誘導リアクタンス X_L と容量リアクタンス X_C が等しいので，$X_L - X_C = 0$ になるから，リアクタンス分は 0 になって，見かけ上に抵抗だけの**無誘導回路**[2]になる。したがって，ベクトル図は図 5・10 となり，電圧 $\dot{V}$ と電流 $\dot{I}$ とは位相差 $\theta = 0$ となり，電圧と同相の電流が流れる。この状態を**直列共振**（series resonance）あるいは単に**共振**という。これについては，「電気基礎」（下）の第 6 章で詳しく学ぶことにしよう。

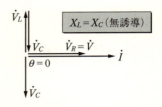

図 5・10 直列共振時のベクトル図

例題 5 $R = 500\,\Omega$, $X_L = 700\,\Omega$, $X_C = 200\,\Omega$ の R-L-C 直列回路に 10 V の交流電圧を加えたとき，回路に流れる電流 I および $\dot{V}$ と $\dot{I}$ の位相差 θ を求めよ。

解答 $X_L > X_C$ であるから，回路は誘導性回路である。回路に流れる電流を I 〔A〕とすれば，式 (5・14) から，

$$I = \frac{V}{\sqrt{R^2 + (X_L - X_C)^2}} = \frac{10}{\sqrt{500^2 + (700-200)^2}}$$

$$= \frac{10}{707} = 14.1 \times 10^{-3}\,\text{A} = 14.1\,\text{mA}$$

$\dot{V}$ と $\dot{I}$ の位相差 θ は，式 (5・16) から，

$$\theta = \tan^{-1} \frac{X_L - X_C}{R} = \tan^{-1} \frac{700-200}{500}$$

$$= \tan^{-1} 1 = 45° = \frac{\pi}{4}\,\text{〔rad〕}$$

例題 6 $R = 1\,\text{k}\Omega$, $L = 1\,\text{H}$, $C = 1\,\mu\text{F}$ の R-L-C 直列回路で，電源の周波数が 60 Hz と 1 kHz の場合の位相差 θ を計算し，誘導性か容量性かを示せ。

========== コメント ==========

[2] **無誘導回路** 純粋に抵抗分のみの回路を特に無誘導回路と呼んでいる。

解答

まず，60 Hz の場合は，

誘導リアクタンス $X_L = \omega L = 2\pi fL = 2\pi \times 60 \times 1 = 377\ \Omega$

容量リアクタンス $X_C = \dfrac{1}{\omega C} = \dfrac{1}{2\pi fC}$

$$= \dfrac{1}{2\pi \times 60 \times 1 \times 10^{-6}}$$

$$= 2\,653\ \Omega$$

したがって，$X_L < X_C$ となって，この回路は容量性となる。
すなわち，回路に進み電流が流れる。
位相差 θ は，式(5・16)から，

$$\theta = \tan^{-1} \dfrac{X_C - X_L}{R} = \tan^{-1} \dfrac{2\,653 - 377}{1 \times 10^3}$$

$$= \tan^{-1} 2.28 = 66.3° \fallingdotseq 66°18'$$

次に，1 kHz の場合には，

誘導リアクタンス $X_L = 2\pi \times 1 \times 10^3 \times 1 = 6.28 \times 10^3\ \Omega$

容量リアクタンス $X_C = \dfrac{1}{2\pi \times 1 \times 10^3 \times 1 \times 10^{-6}} = 0.159 \times 10^3\ \Omega$

したがって，$X_L > X_C$ となって，回路は誘導性となる。
すなわち，回路に遅れ電流が流れる。
位相差 θ は，

$$\theta = \tan^{-1} \dfrac{X_L - X_C}{R} = \tan^{-1} \dfrac{(6.28 - 0.159) \times 10^3}{1 \times 10^3}$$

$$= \tan^{-1} 6.12 \fallingdotseq 80.72° \fallingdotseq 80°43'$$

問 3 $C = 4\ \mu\mathrm{F}$，$L = 3\ \mathrm{H}$，$R = 120\ \Omega$ の R-L-C 直列回路に，50 Hz，100 V の交流電圧を加えたときの，回路に流れる電流および電圧と電流の位相差を計算し，誘導性か容量性かを示せ。

（答　0.529 A，50°35′，誘導性）

問 4 問 3 のベクトル図を描け。

5.2 並列回路

1 R-L 並列回路

図5·11(a)のように，抵抗 R〔Ω〕と自己インダクタンス L〔H〕の並列回路に，角周波数 ω〔rad/s〕，実効値 V〔V〕の正弦波交流電圧を加えた場合について考えてみよう。

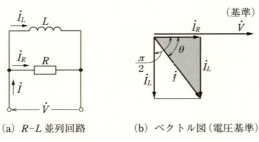

(a) R-L 並列回路　　(b) ベクトル図（電圧基準）

図5·11 R-L 並列回路とベクトル図

いま，R-L の並列回路に電源電圧 $\dot{V}$〔V〕を加えると，R，L のそれぞれには $\dot{V}$〔V〕の電圧が共通に加わり，R には $\dot{I}_R$〔A〕の電流が流れ，L には $\dot{I}_L$〔A〕の電流が流れたとすれば，

$$I_R = \frac{V}{R} \text{〔A〕} \quad (\dot{I}_R \text{ は } \dot{V} \text{ と同相}) \tag{5·17}$$

$$I_L = \frac{V}{\omega L} = \frac{V}{X_L} \text{〔A〕} \tag{5·18}$$

$(\dot{I}_L$ は $\dot{V}$ より $\pi/2$〔rad〕位相が遅れる)

となる。そして，回路の全電流 $\dot{I}$ は，$\dot{I}_R$ と $\dot{I}_L$ のベクトル和であるから，

$$\dot{I} = \dot{I}_R + \dot{I}_L$$

となる。そこで，共通の電圧 $\dot{V}$ を基準にとると，$\dot{I}_R$ は $\dot{V}$ と同相であり，$\dot{I}_L$ は $\dot{V}$ より $\pi/2$〔rad〕位相が遅れるから，ベクトル図は図(b)のようになる。

したがって，このベクトル図から，回路の全電流 I は次のようになる。

5.2 並列回路

R-L 並列回路の電流

$$I = \sqrt{I_R{}^2 + I_L{}^2} = \sqrt{\left(\frac{V}{R}\right)^2 + \left(\frac{V}{\omega L}\right)^2}$$

$$= \sqrt{\left(\frac{1}{R}\right)^2 + \left(\frac{1}{\omega L}\right)^2} \times V \; [\mathrm{A}] \tag{5・19}$$

合成インピーダンスを Z とすれば,

インピーダンス

$$Z = \frac{V}{I} = \frac{1}{\sqrt{\left(\frac{1}{R}\right)^2 + \left(\frac{1}{\omega L}\right)^2}} = \frac{R \times \omega L}{\sqrt{R^2 + (\omega L)^2}} \; [\Omega] \tag{5・20}$$

また,$\dot{V}$ と $\dot{I}$ の位相差 θ は,次のようになる。

電圧と電流の位相差

$$\theta = \tan^{-1}\frac{I_L}{I_R} = \tan^{-1}\frac{\frac{V}{\omega L}}{\frac{V}{R}} = \tan^{-1}\frac{R}{\omega L} \tag{5・21}$$

例題 1 抵抗 $3\,\Omega$ と誘導リアクタンス $4\,\Omega$ の R-L 並列回路に $10\,\mathrm{V}$ の交流電圧を加えたとき,次の問に答えよ。

① 抵抗および誘導リアクタンスに流れる電流を求めよ。
② 回路の全電流を求めよ。
③ 回路の合成インピーダンスを求めよ。
④ 位相差 θ を求めよ。
⑤ 電圧を基準にとって,ベクトル図を描け。

解答 ① $3\,\Omega$ の抵抗に流れる電流を $I_R\,[\mathrm{A}]$,$4\,\Omega$ の誘導リアクタンスに流れる電流を $I_L\,[\mathrm{A}]$ とすれば,式(5・17),式(5・18)から,

$$I_R = \frac{V}{R} = \frac{10}{3} \fallingdotseq 3.33\,\mathrm{A}$$

$$I_L = \frac{V}{X_L} = \frac{10}{4} = 2.5 \text{ A}$$

② 回路の全電流を I 〔A〕とすれば，式(5·19)から，
$$I = \sqrt{\left(\frac{V}{R}\right)^2 + \left(\frac{V}{X_L}\right)^2} = \sqrt{3.33^2 + 2.5^2} = 4.16 \text{ A}$$

③ 回路の合成インピーダンス Z 〔Ω〕は，式(5·20)から，
$$Z = \frac{V}{I} = \frac{10}{4.16} = 2.40 \text{ Ω}$$

④ 電圧 $\dot{V}$ と電流 $\dot{I}$ の位相差 θ は，式(5·21)から，
$$\theta = \tan^{-1}\frac{I_L}{I_R} = \tan^{-1}\frac{R}{X_L}$$
$$= \tan^{-1}\frac{3}{4}$$
$$= 36.87° = 36°52'$$

⑤ ベクトル図を図5·12に示す。

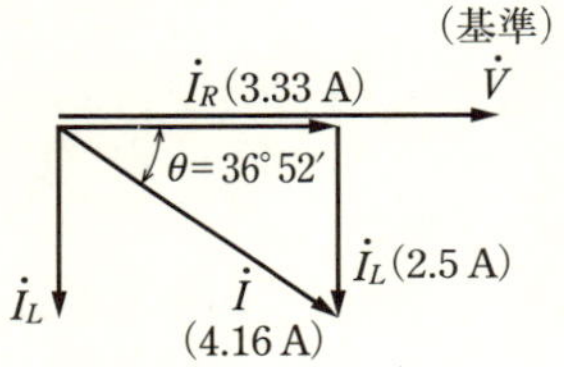

図5·12

問1 $R = 30$ Ω，$X_L = 40$ Ω の並列回路に，120 V の交流電圧を加えたとき，各電流 I_R，I_L 〔A〕および全電流 I 〔A〕を求め，また合成インピーダンス Z 〔Ω〕を求めよ。

(答 $I_R = 4$ A，$I_L = 3$ A，$I = 5$ A，$Z = 24$ Ω)

2　*R-C* 並列回路

図5·13(a)のように，抵抗 R 〔Ω〕と静電容量 C 〔F〕の並列回路に，角周波数 ω 〔rad/s〕，実効値 V 〔V〕の正弦波交流電圧を加えた場合について考える。

いま，電圧 $\dot{V}$ 〔V〕を加えたときに，抵抗 R 〔Ω〕に $\dot{I}_R$ 〔A〕，静電容量 C 〔F〕に $\dot{I}_C$ 〔A〕の電流が流れたとすれば，

$$I_R = \frac{V}{R} \text{ 〔A〕} \quad (\dot{I}_R \text{ は } \dot{V} \text{ と同相}) \tag{5·22}$$

$$I_C = \frac{V}{\frac{1}{\omega C}} = \omega C V = \frac{V}{X_C} \text{ 〔A〕} \tag{5·23}$$

($\dot{I}_C$ は $\dot{V}$ より $\pi/2$ 〔rad〕位相が進む)

5.2 並列回路

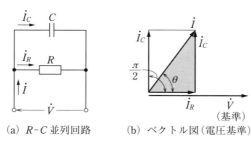

(a) R-C 並列回路　　(b) ベクトル図（電圧基準）

図 5・13 R-C 並列回路とベクトル図

となる。そして，回路の全電流 $\dot{I}$ は，$\dot{I}_R$ と $\dot{I}_C$ のベクトル和であるから，

$$\dot{I} = \dot{I}_R + \dot{I}_C$$

となる。そこで，共通の電圧 $\dot{V}$ を基準にとると，$\dot{I}_R$ は $\dot{V}$ と同相であり，$\dot{I}_C$ は $\dot{V}$ より $\pi/2$〔rad〕位相が進むから，ベクトル図は図(b)のようになる。

したがって，このベクトル図から，回路の全電流 I は，次のようになる。

R-C 並列回路の電流

$$I = \sqrt{{I_R}^2 + {I_C}^2} = \sqrt{\left(\frac{V}{R}\right)^2 + \left(\frac{V}{\frac{1}{\omega C}}\right)^2}$$

$$= \sqrt{\left(\frac{1}{R}\right)^2 + (\omega C)^2} \times V \text{〔A〕} \tag{5・24}$$

合成インピーダンスを Z とすれば，

インピーダンス

$$Z = \frac{V}{I} = \frac{1}{\sqrt{\left(\frac{1}{R}\right)^2 + (\omega C)^2}} = \frac{R \times \left(\frac{1}{\omega C}\right)}{\sqrt{R^2 + \left(\frac{1}{\omega C}\right)^2}} \text{〔Ω〕} \tag{5・25}$$

また，$\dot{V}$ と $\dot{I}$ の位相差 θ は，次のようになる。

第5章 交流回路の電圧・電流・電力

電圧と電流の位相差

$$\theta = \tan^{-1}\frac{I_C}{I_R} = \tan^{-1}\frac{\omega C}{\frac{1}{R}} = \tan^{-1}\omega CR \tag{5・26}$$

例題 2 抵抗 $4\,\Omega$ と容量リアクタンス $8\,\Omega$ の R-C 並列回路に，$10\,\text{V}$ の交流電圧を加えたとき，次の問に答えよ。

① 抵抗および容量リアクタンスに流れる電流を求めよ。
② 回路の全電流を求めよ。
③ 回路の合成インピーダンスを求めよ。
④ 位相差 θ を求めよ。
⑤ 電圧を基準にとって，ベクトル図を描け。

解答 ① $4\,\Omega$ の抵抗に流れる電流を $I_R\,[\text{A}]$，$8\,\Omega$ の容量リアクタンスに流れる電流を $I_C\,[\text{A}]$ とすれば，式(5・22)，式(5・23)から，

$$I_R = \frac{V}{R} = \frac{10}{4} = 2.5\,\text{A}$$

$$I_C = \frac{V}{X_C} = \frac{10}{8} = 1.25\,\text{A}$$

② 回路の全電流を $I\,[\text{A}]$ とすれば，式(5・24)から，
$$I = \sqrt{2.5^2 + (1.25)^2} = 2.795 \fallingdotseq 2.8\,\text{A}$$

③ 回路の合成インピーダンス $Z\,[\Omega]$ は，式(5・25)から，
$$Z = \frac{V}{I} = \frac{10}{2.8} = 3.57\,\Omega$$

④ 電圧 $\dot{V}$ と電流 $\dot{I}$ の位相差 θ は，式(5・26)から，

$$\theta = \tan^{-1}\frac{I_C}{I_R} = \tan^{-1}\frac{1.25}{2.5}$$
$$= \tan^{-1} 0.5 = 26.57°$$
$$= 26°34'$$

⑤ ベクトル図を図 5・14 に示す。

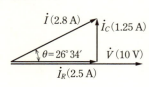

図 5・14

> **問 2** $R = 3\,\Omega$, $X_C = 4\,\Omega$ の R-C 並列回路に, $V = 120\,\mathrm{V}$ の交流電圧を加えたとき, 各電流 I_R, I_C〔A〕および全電流 I を求め, また合成インピーダンスを求めよ.
>
> (答 $I_R = 40\,\mathrm{A}$, $I_C = 30\,\mathrm{A}$, $I = 50\,\mathrm{A}$, $Z = 2.4\,\Omega$)

3 R-L-C 並列回路

図 5・15 のように, 抵抗 R〔Ω〕と自己インダクタンス L〔H〕および静電容量 C〔F〕の R-L-C の並列回路に, 角周波数 ω〔rad/s〕, 実効値 V〔V〕の正弦波交流電圧を加えた場合について考えてみよう.

この場合, R, L, C のそれぞれに流れる電流を $\dot{I}_R$, $\dot{I}_L$, $\dot{I}_C$〔A〕とすれば,

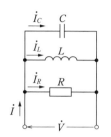

図 5・15 R-L-C 並列回路

$$\left.\begin{array}{l} I_R = \dfrac{V}{R}\,[\mathrm{A}]\quad(\dot{I}_R \text{ は } \dot{V} \text{ と同相}) \\[6pt] I_L = \dfrac{V}{X_L} = \dfrac{V}{\omega L}\,[\mathrm{A}] \\ \quad(\dot{I}_L \text{ は } \dot{V} \text{ より } \pi/2\,[\mathrm{rad}] \text{位相が遅れる}) \\[6pt] I_C = \dfrac{V}{X_C} = \dfrac{V}{\dfrac{1}{\omega C}} = \omega C V\,[\mathrm{A}] \\ \quad(\dot{I}_C \text{ は } \dot{V} \text{ より } \pi/2\,[\mathrm{rad}] \text{位相が進む}) \end{array}\right\} \quad (5\cdot 27)$$

となる. そして, 回路の全電流 $\dot{I}$ は, $\dot{I}_R$, $\dot{I}_L$, $\dot{I}_C$ のベクトル和であるから,

$$\dot{I} = \dot{I}_R + \dot{I}_L + \dot{I}_C$$

となる.

[1] $\dfrac{1}{X_L} < \dfrac{1}{X_C}$ の場合

この場合は, 電圧 $\dot{V}$ を基準にとると, $\dot{I}_R$ は $\dot{V}$ と同相であり, $\dot{I}_L$ は $\dot{V}$ より $\pi/2$〔rad〕位相が遅れ, $\dot{I}_C$ は $\dot{V}$ より $\pi/2$〔rad〕位相が進み, しかも, $1/X_L < 1/X_C$ であるから,

$$|\dot{I}_C + \dot{I}_L| = \left(\dfrac{1}{X_C} - \dfrac{1}{X_L}\right) V = I_C - I_L$$

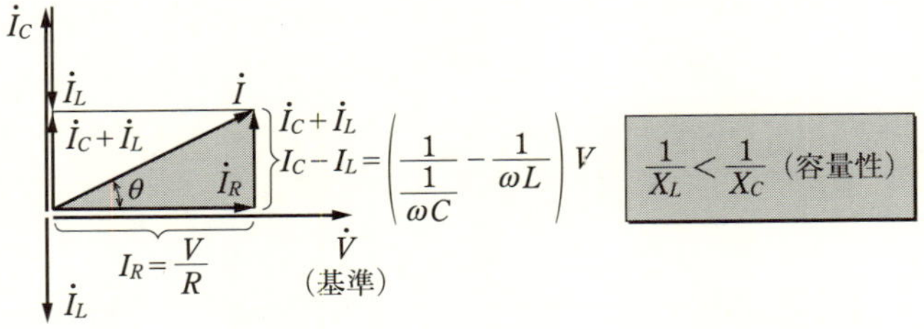

第5章 交流回路の電圧・電流・電力

図5・16 ベクトル図 $\left(\dfrac{1}{X_L} < \dfrac{1}{X_C}\ \text{の場合}\right)$

となって，$\dot{I}_C + \dot{I}_L$ は $\dot{V}$ より $\pi/2$ 〔rad〕位相が進むから，ベクトル図は図5・16 のようになる。

したがって，このベクトル図から，回路の全電流 I〔A〕は，次のようになる。

R-L-C 並列回路 $\left(\dfrac{1}{X_L} < \dfrac{1}{X_C}\right)$ の電流

$$I = \sqrt{I_R{}^2 + (I_C - I_L)^2} = \sqrt{\left(\dfrac{V}{R}\right)^2 + \left(\dfrac{V}{\dfrac{1}{\omega C}} - \dfrac{V}{\omega L}\right)^2}$$

$$= \sqrt{\left(\dfrac{1}{R}\right)^2 + \left(\omega C - \dfrac{1}{\omega L}\right)^2} \times V \ \text{〔A〕} \tag{5・28}$$

合成インピーダンスを Z〔Ω〕とすれば，

インピーダンス

$$Z = \dfrac{V}{I} = \dfrac{1}{\sqrt{\left(\dfrac{1}{R}\right)^2 + \left(\omega C - \dfrac{1}{\omega L}\right)^2}} \ \text{〔Ω〕} \tag{5・29}$$

また，$\dot{V}$ と $\dot{I}$ の位相差 θ は，次のようになる。

電圧と電流の位相差

$$\theta = \tan^{-1}\dfrac{I_C - I_L}{I_R} = \tan^{-1}\dfrac{\omega CV - \dfrac{V}{\omega L}}{\dfrac{V}{R}} = \tan^{-1}\dfrac{\omega C - \dfrac{1}{\omega L}}{\dfrac{1}{R}} \tag{5・30}$$

このことから，$1/X_L < 1/X_C$ の場合は，電流 $\dot{I}$ は電圧 $\dot{V}$ よりも位相が θ 〔rad〕進み，容量性回路となる。これは，R-L-C の直列回路の場合と逆の関係になる。

[2] $\dfrac{1}{X_L} > \dfrac{1}{X_C}$ の場合

この場合は，$|\dot{I}_C + \dot{I}_L| = \left(\dfrac{1}{X_L} - \dfrac{1}{X_C}\right)V = I_L - I_C$ となり，$\dot{I}_C + \dot{I}_L$ は $\dot{V}$ より $\pi/2$〔rad〕位相が遅れるから，ベクトル図は図 5・17 のようになる。

したがって，回路は誘導性となり，θ〔rad〕の遅れ電流が流れる。

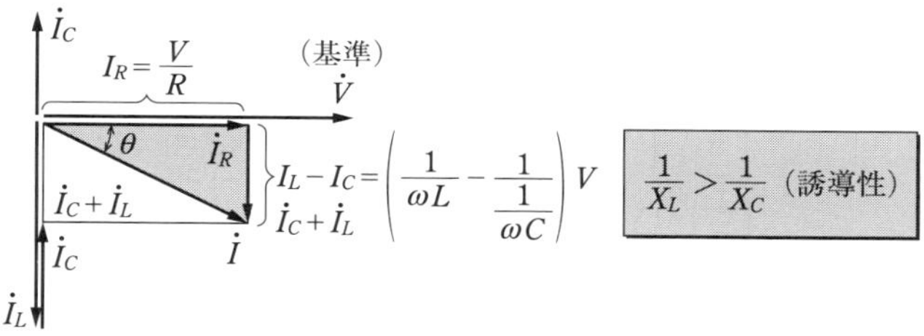

図 5・17 ベクトル図 $\left(\dfrac{1}{X_L} > \dfrac{1}{X_C}\ \text{の場合}\right)$

[3] $\dfrac{1}{X_L} = \dfrac{1}{X_C}$ の場合

この場合は，リアクタンス分が 0 になり，無誘導回路になる。この状態を**並列共振**（parallel resonance）という。ベクトル図は図 5・18 のようになる。この並列共振は，「電気基礎」（下）の第 6 章で詳しく学ぶことにする。

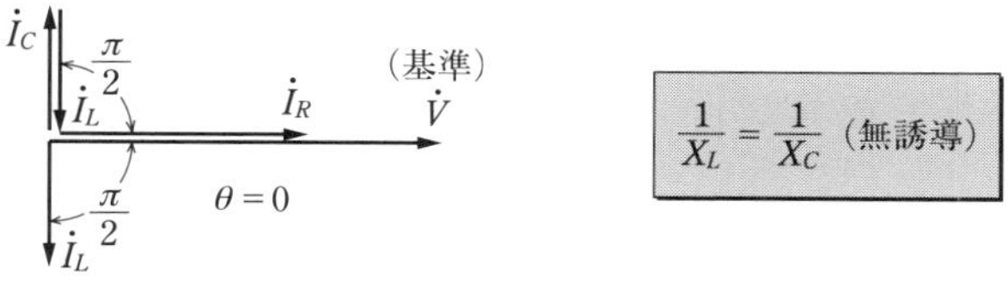

図 5・18 並列共振時のベクトル図 $\left(\dfrac{1}{X_L} = \dfrac{1}{X_C}\ \text{の場合}\right)$

第5章 交流回路の電圧・電流・電力

例題 3 $R = 6\,\Omega$, $L = 50\,\mathrm{mH}$, $C = 250\,\mathrm{\mu F}$ の R-L-C 並列回路に, $50\,\mathrm{Hz}$, $120\,\mathrm{V}$ の正弦波交流電圧を加えたとき, 回路に流れる電流 $\dot{I}$ および電圧 $\dot{V}$ と電流 $\dot{I}$ の位相差 θ を求めよ.

解答
$$\frac{1}{X_L} = \frac{1}{\omega L} = \frac{1}{2\pi f L} = \frac{1}{2\pi \times 50 \times 50 \times 10^{-3}} = 0.0637$$

$$\frac{1}{X_C} = \frac{1}{\dfrac{1}{\omega C}} = \omega C = 2\pi f C = 2\pi \times 50 \times 250 \times 10^{-6} = 0.0785$$

したがって, $\dfrac{1}{X_L} < \dfrac{1}{X_C}$ であるから, 容量性回路となり, 回路に流れる電流 I〔A〕は, 式(5・28)から,

$$I = \sqrt{\left(\frac{1}{R}\right)^2 + \left(\omega C - \frac{1}{\omega L}\right)^2} \times V$$
$$= \sqrt{\left(\frac{1}{6}\right)^2 + (0.0785 - 0.0637)^2} \times 120 = 0.167 \times 120 = 20\,\mathrm{A}$$

位相差 θ は, 式(5・30)から,

$$\theta = \tan^{-1} \frac{\omega C - \dfrac{1}{\omega L}}{\dfrac{1}{R}} = \tan^{-1} \frac{0.0785 - 0.0637}{\dfrac{1}{6}}$$
$$= \tan^{-1} 0.0888 = 5.07° = 5°4'$$

問 3 $R = 25\,\Omega$, $X_L = 20\,\Omega$, $X_C = 50\,\Omega$ の並列回路に, $200\,\mathrm{V}$ の交流電圧を加えたとき, 回路に流れる全電流および合成インピーダンスを求めよ.   (答 $10\,\mathrm{A}$, $20\,\Omega$)

5.3 交流の電力

交流回路の基本的な計算がわかったところで, 交流の電力について調べてみよう.

5.3 交流の電力

1 交流の瞬時電力

図5·19のような交流回路に加えた電圧の瞬時値を v [V], その回路に流れる電流の瞬時値を i [A] とすれば, 瞬時電力 p は, 直流の場合と同じく, 電圧 v と電流 i の積で表され, 次式のようになる。

$$p = vi \text{ [W]} \tag{5·31}$$

次に, $v = V_m \sin \omega t$ [V], $i = I_m \sin(\omega t - \theta)$ [A] として, 瞬時電力 p を求めると,

$$\begin{aligned}
p = vi &= V_m \sin \omega t \times I_m \sin(\omega t - \theta) \\
&= \frac{V_m I_m}{2} \{\cos \theta - \cos(2\omega t - \theta)\}^{③} \\
&= \frac{V_m}{\sqrt{2}} \times \frac{I_m}{\sqrt{2}} \cos \theta - \frac{V_m}{\sqrt{2}} \times \frac{I_m}{\sqrt{2}} \cos(2\omega t - \theta) \\
&= VI \cos \theta - VI \cos(2\omega t - \theta) \text{ [W]}
\end{aligned} \tag{5·32}$$

ここに,

$$\frac{V_m}{\sqrt{2}} = V \text{ (実効値)}, \quad \frac{I_m}{\sqrt{2}} = I \text{ (実効値)}$$

となる。この式(5·32)の右辺の第1項 $VI \cos \theta$ は, 時間に関係なく一定の値を示すが, 第2項 $VI \cos(2\omega t - \theta)$ は, VI を最大値として, 2倍の周波数で変化する電力を表している。

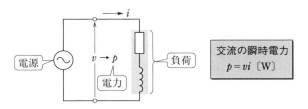

図 5·19 交流の瞬時電力

=========コメント

③$\sin \omega t \times \sin(\omega t - \theta) = \frac{1}{2}\{\cos \theta - \cos(2\omega t - \theta)\}$　$\sin \alpha \times \sin \beta = \frac{1}{2}\{\cos(\alpha - \beta) - \cos(\alpha + \beta)\}$ の公式を用いる。この公式は, 加法定理 $\cos(\alpha \pm \beta) = \cos \alpha \cos \beta \mp \sin \alpha \sin \beta$ から導ける。

第5章 交流回路の電圧・電流・電力

そこで,こんどは負荷が抵抗のみの場合 ($\theta = 0$),抵抗とリアクタンスの場合 $\left(\theta = \dfrac{\pi}{4}\,[\mathrm{rad}]\right)$,リアクタンスのみの場合 $\left(\theta = \dfrac{\pi}{2}\,[\mathrm{rad}]\right)$ について,瞬時電力 p はどのような時間的変化をするのか,調べることにしよう。

① **負荷が抵抗 R のみの場合**($\theta = 0$) まず,図5·20のように,負荷が抵抗 R のみの場合は,電圧 v と電流 i は同相であるから,$\theta = 0$ である。このときの瞬時電力 p は,式(5·32)から,

$$p = VI\cos 0 - VI\cos(2\omega t - 0) = VI - VI\cos 2\omega t$$

となる。

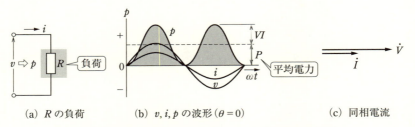

(a) R の負荷　　　(b) v, i, p の波形 ($\theta = 0$)　　　(c) 同相電流

図5·20 v と i が同相 ($\theta = 0$) の場合の瞬時電力

② **負荷が抵抗 R とインダクタンス L の場合** $\left(\theta = \dfrac{\pi}{4}\,[\mathrm{rad}]\right)$ 図5·21のように,抵抗 R とインダクタンス L の負荷で,電圧 v に対して電流 i が $\dfrac{\pi}{4}\,[\mathrm{rad}]$

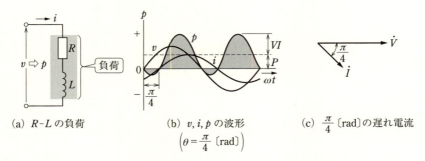

(a) R-L の負荷　　　(b) v, i, p の波形 $\left(\theta = \dfrac{\pi}{4}\,[\mathrm{rad}]\right)$　　　(c) $\dfrac{\pi}{4}\,[\mathrm{rad}]$ の遅れ電流

図5·21 v より i が $\theta = \dfrac{\pi}{4}\,[\mathrm{rad}]$ 遅れている場合の瞬時電力

位相が遅れている場合は，$\theta = \dfrac{\pi}{4}$ であるから，このときの瞬時電力 p は，

$$p = VI\cos\dfrac{\pi}{4} - VI\cos\left(2\omega t - \dfrac{\pi}{4}\right)$$

となる。

③ **負荷がインダクタンス L のみの場合** $\left(\theta = \dfrac{\pi}{2}\,[\text{rad}]\right)$　図 5·22 のように，負荷がインダクタンス L のみの場合は，電圧 v に対して，電流 i は $\dfrac{\pi}{2}$〔rad〕位相が遅れるから，$\theta = \dfrac{\pi}{2}$〔rad〕である。このときの瞬時電力 p は，

$$p = VI\cos\dfrac{\pi}{2} - VI\cos\left(2\omega t - \dfrac{\pi}{2}\right) = 0 - VI\sin 2\omega t \quad ④$$

図において，p が正であるということは，負荷の消費する電力を表すが，p が負であるということは，負荷から電源に電力を送り返すことを意味している。

交流の瞬時電力 p は，このように変化しているので，交流によって仕事をするときは，この平均値の電力によって仕事をすることになる。

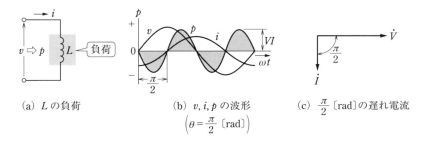

(a) L の負荷　　(b) v, i, p の波形 $\left(\theta = \dfrac{\pi}{2}\,[\text{rad}]\right)$　　(c) $\dfrac{\pi}{2}$〔rad〕の遅れ電流

図 5·22　v より i が $\theta = \dfrac{\pi}{2}$〔rad〕遅れている場合の瞬時電力

━━━━━━━━━━━━━━━━━━━━━━━━━━━━━━━━ コメント

④ $VI\cos\left(2\omega t - \dfrac{\pi}{2}\right) = VI\left(\cos 2\omega t \times \cos\dfrac{\pi}{2} + \sin 2\omega t \times \sin\dfrac{\pi}{2}\right)$
$\qquad\qquad\qquad\qquad = VI(\cos 2\omega t \times 0 + \sin 2\omega t \times 1) = VI\sin 2\omega t$
$\cos(\alpha \pm \beta) = \cos\alpha\cos\beta \mp \sin\alpha\sin\beta$ の公式を用いる。

2 交流の電力と力率

[1] 交流の電力

交流の電力は，平均電力で示されるから，式(5・32)の瞬時電力 p の平均をとると，右辺の第1項 $VI\cos\theta$ は常に一定である。したがって，平均しても変わらない。ところが，第2項 $VI\cos(2\omega t-\theta)$ は，1サイクルの平均をとると0になってしまう。したがって，p の平均電力，すなわち交流の電力 P は，次のようになる。

交流の電力 $\quad P = VI\cos\theta \ [\text{W}]$ （5・33）

図5・20〜図5・22の P は，p の平均値である平均電力を示している。なお，これらは，負荷が誘導性で，回路に遅れ電流が流れた場合であるが，もし負荷が容量性で，回路に進み電流が流れた場合には，式(5・33)の $\cos\theta$ は $\cos(-\theta)=\cos\theta$ となるから，電流の遅れ・進みに関係なく，交流の電力は，式(5・33)で求めることができる。

[2] 力率

交流の電力は，以上のように，$P=VI\cos\theta$ で表されるから，VI が一定でも θ が変われば電力は変化する。このことは，図5・20〜図5・22の θ による P の変化を見ても理解できよう。したがって，$\cos\theta$ は VI が電力になる割合を表すので，この $\cos\theta$ のことを負荷の**力率**（power factor：p.f. と略す）といい，θ を**力率角**（power factor angle）という。すなわち，力率 $\cos\theta$ は，式(5・33)から，

力率 $= \cos\theta = \dfrac{P}{VI}$ （5・34）

あるいは，百分率〔%〕では，

$$力率 = \frac{P}{VI} \times 100 \ [\%]$$ （5・35）

で表される。

以上のことから，同じ電力を送る場合に，電圧一定と考えれば，力率が低いほど電流を大きくする必要がある。電流が大きくなれば，線路内の電圧降下や熱損

5.3 交流の電力

失が大きくなって不利である。そこで，普通，力率が 85 % 以上のものは**力率が良い**といい，85 % 未満のものは**力率が悪い**といっている。

表 5・1 に，一般機器の力率の概数を示す。これによれば，白熱電球や電気こたつ，アイロンなどは力率が 100 % で力率の良い代表的な負荷であるが，LED 照明器具などは力率の悪い代表的なものである。

表5・1 一般機器の力率の概数

各種電気機器	力率〔%〕
白熱電球	100
電気こたつ	100
アイロン	100
ヘアードライヤー	90
扇風機	70〜90
液晶テレビ	70〜90
けい光灯	60〜65
電子レンジ	50〜60
LED 照明	50〜60

なお，力率 100 % というのは，$\cos\theta = 1$，すなわち力率角 θ が 0 ということで，これは抵抗負荷ということである。

例題 1 ある回路に 100 V の交流電圧で，120 A の電流が流れていて，その力率角 θ が $\dfrac{\pi}{6}$ 〔rad〕であった。電力 P と力率 $\cos\theta$ を求めよ。

解答 まず，電力 P は，式 (5・33) から，

$$P = VI\cos\theta = 100 \times 120 \times \cos\frac{\pi}{6} = 100 \times 120 \times \frac{\sqrt{3}}{2}$$
$$= 10.39 \times 10^3 \text{ W} = 10.39 \text{ kW}$$

次に，力率 $\cos\theta$ は，式 (5・35) から，

$$\cos\theta = \frac{P}{VI} \times 100 = \frac{10.39 \times 10^3}{100 \times 120} \times 100 = 86.6 \%$$

例題 2 $v = \sqrt{2} \times 100 \sin\omega t$ 〔V〕，$i = \sqrt{2} \times 50 \sin\left(\omega t - \dfrac{\pi}{3}\right)$ 〔A〕のとき，交流の電力はいくらか。

解答 v と i の位相差 θ は，

$$\theta = \omega t - \left(\omega t - \frac{\pi}{3}\right) = \frac{\pi}{3} \text{ 〔rad〕}$$

であり，v の実効値 V 〔V〕は，

$$V = \frac{\sqrt{2} \times 100}{\sqrt{2}} = 100 \text{ V}$$

i の実効値 I 〔A〕は，

$$I = \frac{\sqrt{2} \times 50}{\sqrt{2}} = 50 \text{ A}$$

であるから，求める電力 P は，式(5・33)から，

$$P = VI \cos \theta = 100 \times 50 \times \cos \frac{\pi}{3} = 100 \times 50 \times \frac{1}{2}$$
$$= 2\,500 \text{ W} = 2.5 \text{ kW}$$

問1 ある誘導性負荷に交流電圧 100 V を供給したとき，20 A の電流を通じ電力 1.6 kW を消費するという。力率を求めよ。　　　（答　80 %）

3　皮相電力と無効電力

[1]　皮相電力

交流の電力は，$P = VI \cos \theta$ 〔W〕で表されることを学んだが，いま，例えば，$V = 100$ V，$I = 10$ A として，力率 $\cos \theta$ を 1，0.8，0.6 としたときのそれぞれの電力 P を求めてみると，

$\cos \theta = 1$ のとき　　$P_1 = 100 \times 10 \times 1 = 1\,000$ W

$\cos \theta = 0.8$ のとき　$P_{0.8} = 100 \times 10 \times 0.8 = 800$ W

$\cos \theta = 0.6$ のとき　$P_{0.6} = 100 \times 10 \times 0.6 = 600$ W

となり，力率 $\cos \theta$ によって電力 P は異なる値となることがわかる。したがって，交流回路の場合では，電圧 V 〔V〕と電流 I 〔A〕の積 $V \times I$ は，電力でなく単に見かけの電力を表しているにすぎない。このような意味から，この見かけの電力 $V \times I$ を負荷の**皮相電力**（apparent power）と呼んでいる。すなわち，皮相電力 P_s 〔V・A〕は，次のように表される。

皮相電力　$P_s = VI$ 〔V・A〕　　　　　　　　　　　　　　　　(5・36)

この単位には**ボルトアンペア**（単位記号 V・A）が用いられる。なお，ボルト

アンペアの1 000倍を**キロボルトアンペア**(単位記号 kV·A), さらにその1 000倍を**メガボルトアンペア**(単位記号 MV·A) という[5]。

このような皮相電力は, 交流発電機や変圧器などの電源の容量を表す場合に用いられる。

[2] 無効電力

図 5·23(a)のような誘導性のインピーダンス負荷に, 電圧 V 〔V〕を加え, 電流 I 〔A〕が流れるとき, 図(b)のようなベクトル図を描くことができる。そこで, 電流 $\dot{I}$ の大きさ I 〔A〕は, 電圧 $\dot{V}$ と同相の電流分 $I\cos\theta$ 〔A〕と $\frac{\pi}{2}$ 〔rad〕位相の遅れた電流分 $I\sin\theta$ 〔A〕とに分解することができる。そして, 電圧 $\dot{V}$ と同相の電流分 $I\cos\theta$ による電力 P は,

$$P = V \times I\cos\theta \times \cos 0 = VI\cos\theta \text{ 〔W〕} \quad (5\cdot37)$$

また, 電圧と $\frac{\pi}{2}$ 〔rad〕位相の遅れた電流分 $I\sin\theta$ による電力 P は,

$$P = V \times I\sin\theta \times \cos\frac{\pi}{2} = V \times I\sin\theta \times 0 = 0 \text{ W} \quad (5\cdot38)$$

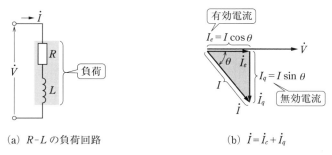

(a) R-L の負荷回路　　　(b) $\dot{I} = \dot{I}_e + \dot{I}_q$

図 5·23　R-L の負荷回路とベクトル図

───────────────────────────────── コメント

[5] **皮相電力の単位の関係**
　　　$1 \text{ kV·A} = 10^3 \text{ V·A}$
　　　$1 \text{ MV·A} = 10^3 \text{ kV·A} = 10^6 \text{ V·A}$

となる。つまり，電力は，電圧と同相の電流分による電力 $VI\cos\theta$ だけになり，式(5・33)と同一結果になることがわかる。すなわち，電力に貢献するのは $I\cos\theta$ であり，$I\sin\theta$ は電力とは何の関係もない。このため，$I\cos\theta$ を**電力 $\dot{I}$ の有効分**あるいは**有効電流**（active current）といい，$I\sin\theta$ を**電力 $\dot{I}$ の無効分**あるいは**無効電流**（reactive current あるいは wattless current）という。

また，無効電流 $I\sin\theta$ と電圧 V の積を**無効電力**（reactive power）といい，次のように表される。

無効電力　　$P_q = VI\sin\theta \ [\mathrm{var}]$ (5・39)

この単位には，**バール**（単位記号 var）が用いられる。また，その1 000倍を**キロバール**（単位記号 kvar）という。

なお，この無効電力に対して，前述した電力 $P = VI\cos\theta$ を**有効電力**（active power）とも呼んでいる。また，$\cos\theta$ を力率というのに対して，$\sin\theta$ を**無効率**（reactive factor）ともいう。

例題3　ある回路に力率60 %，電流10 A の負荷がかかっているときの，有効電流 $I_e\ [\mathrm{A}]$ と無効電流 $I_q\ [\mathrm{A}]$ を計算せよ。

解答　力率60 %であるから，$\cos\theta = 0.6$，したがって，有効電流 $I_e\ [\mathrm{A}]$ は，
$$I_e = I\cos\theta = 10 \times 0.6 = 6\ \mathrm{A}$$
また，$\sin\theta = \sqrt{1-\cos^2\theta}$ ⑥ であるから，無効電流 $I_q\ [\mathrm{A}]$ は，
$$I_q = I\sin\theta = I \times \sqrt{1-\cos^2\theta} = 10 \times \sqrt{1-0.6^2}$$
$$= 8\ \mathrm{A}$$

=====コメント=====

⑥ $\sin\theta = \sqrt{1-\cos^2\theta}$　公式 $\sin^2\theta + \cos^2\theta = 1$ から，
　　　$\sin^2\theta = 1 - \cos^2\theta$
　∴　$\sin\theta = \sqrt{1-\cos^2\theta}$

4 電力・皮相電力・無効電力との関係

図5・23(b)の電流ベクトル $\dot{I}_e$, $\dot{I}_q$, $\dot{I}$ をそれぞれ V 倍すると，図5・24のようになり，$P = VI\cos\theta$ は電力，$P_q = VI\sin\theta$ は無効電力，$P_s = VI$ は皮相電力を表す。したがって，図から次式の関係を得る。

皮相電力，電力，無効電力 $\quad P_s = \sqrt{P^2 + P_q^2}\ [\mathrm{VA}]$ (5・40)

また，力率 $\cos\theta$ および無効率 $\sin\theta$ は，

$$\left.\begin{array}{l}\cos\theta = \dfrac{P}{P_s} = \dfrac{P}{\sqrt{P^2 + P_q^2}} \\[2mm] \sin\theta = \dfrac{P_q}{P_s} = \dfrac{P_q}{\sqrt{P^2 + P_q^2}}\end{array}\right\} \quad (5\cdot41)$$

となる。

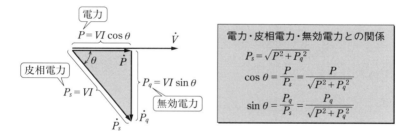

図5・24 電力のベクトル図

次に，図5・25のようなインピーダンス回路に，V〔V〕の電圧を加えて I〔A〕の電流が流れたときの各種の電力をインピーダンスを用いて表してみよう。

図(b)のベクトル図から，

$$V = ZI\ [\mathrm{V}]$$

$$\cos\theta = \frac{R}{Z}$$

$$\sin\theta = \frac{X}{Z}$$

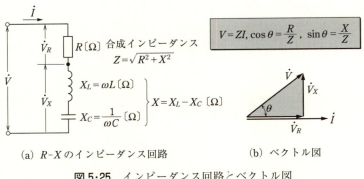

(a) R-Xのインピーダンス回路　　(b) ベクトル図

図5・25　インピーダンス回路とベクトル図

の関係が得られる。したがって，電力，無効電力，皮相電力は，次のように表すことができる。

電力　　　$P = VI\cos\theta = ZI \times I \times \dfrac{R}{Z} = RI^2$ 〔W〕　　　　(5・42)

無効電力　$P_q = VI\sin\theta = ZI \times I \times \dfrac{X}{Z} = XI^2$ 〔var〕　　　(5・43)

皮相電力　$P_s = VI = ZI \times I = ZI^2$ 〔VA〕　　　　　　　　(5・44)

このことから，R-L-C 回路に送り込まれた電力は，抵抗 R のみに消費され，また無効電力はリアクタンスのみに生ずることがわかる。

例題 4　あるインピーダンス負荷に電圧 200 V を加えたとき，20 A の電流が流れ，負荷には 3.2 kW の電力が消費された。このときの力率，無効率，有効電流，無効電流，皮相電力，無効電力を計算せよ。

解答　まず，力率 $\cos\theta$ は，式(5・42)から，

$P = VI\cos\theta$

$\therefore \quad \cos\theta = \dfrac{P}{VI} = \dfrac{3.2 \times 10^3}{200 \times 20} = 0.8$

次に，無効率 $\sin\theta$ は，

$$\sin\theta = \sqrt{1-\cos^2\theta} = \sqrt{1-0.8^2} = 0.6$$

したがって，有効電流 I_e〔A〕，無効電流 I_q〔A〕は，

$$I_e = I\cos\theta = 20\times 0.8 = 16\text{ A}$$
$$I_q = I\sin\theta = 20\times 0.6 = 12\text{ A}$$

また，皮相電力 P_s〔VA〕，無効電力 P_q〔var〕は，

$$P_s = VI = 200\times 20 = 4\,000\text{ V·A} = 4\text{〔kV·A〕}$$
$$P_q = VI\sin\theta = 200\times 20\times 0.6 = 2\,400\text{ var}$$
$$= 2.4\text{ kvar}$$

復習問題 第5章

――――――――― 基 本 問 題 ―――――――――

1. ある負荷に $v = 141\sin 120\pi t$〔V〕の電圧を加えたとき，$i = 2.82\sin(120\pi t - \pi/6)$〔A〕の電流が流れた。次の問に答えよ。
   ① この負荷のインピーダンスの値と誘導性か容量性かを示せ。
   ② 直列のインピーダンスを負荷としたときの抵抗の値を求めよ。

2. $2\,\Omega$ の抵抗と 20 mH の自己インダクタンスをもっているコイルがある。このコイルに 50 Hz，100 V の正弦波交流電圧を加えたとき流れる電流はいくらか。

3. $8\,\Omega$ の抵抗と $12\,\mu\text{F}$ の静電容量をもっているコンデンサを直列に接続して，50 Hz，100 V の正弦波交流電圧を加えたとき流れる電流はいくらか。

4. 図 5·26 で，1 kHz で 10 V の交流電圧を加えたら 100 mA の遅れ電流が流れた。また，V_C を測定したら 10 V であったという。この回路の Z，L を求めよ。

5. あるコイルに交流 100 V を加えたら 20 A 流れ，直流 50 V を加えたら 12.5 A 流れたという。コイルの抵抗とリアクタンスはいくらか。

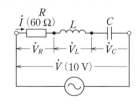

図 5·26

6. $i = \sqrt{2}\times 10\sin\omega t$〔A〕の電流が $15\,\Omega$ の抵抗に流れたときの電力はいくら

第5章 交流回路の電圧・電流・電力

になるか。

7. 抵抗と誘導リアクタンスからなる直列回路に 200 V の正弦波交流電圧を加えたら 10 A の電流が流れた。抵抗が 12 Ω であるとすると誘導リアクタンスはいくらか。

8. 交流電圧 200 V で 0.35 A が流れ, 25 W の電力を消費する回路がある。この回路の力率, 皮相電力, 無効電力を求めよ。

---------- 発 展 問 題 ----------

1. $L = 0.1\,\text{H}$, $C = 100\,\mu\text{F}$, $R = 15\,\Omega$ の直列回路に 100 V, 60 Hz の電圧を加えたときのベクトル図, および流れる電流, L と C の各端子間の電圧を求めよ。

2. $R = 40\,\Omega$, $X_L = 30\,\Omega$ を並列にして, $V = 600\,\text{V}$ を加えた場合に, 各電流および合成インピーダンスを求め, ベクトル図を描け。

3. $R = 10\,\Omega$, $L = 200\,\mu\text{H}$, $C = 200\,\text{pF}$ の直列回路で, 最大の電流を流すには何キロヘルツの交流を加えればよいか。

4. $R = 6\,\Omega$, $L = 50.9\,\text{mH}$, $C = 265\,\mu\text{F}$ の並列回路に 50 Hz, 120 V の電圧を加えたとき, 流れる全電流, 力率, 電力を計算せよ。

5. 図 5・27 のように, 電圧 210 V の一定電圧の交流電源から抵抗 R 〔Ω〕を通じて 80 Ω の抵抗に電流を通じたとき, 端子 ab 間の電圧は 120 V であった。いま, この 80 Ω の抵抗の代わりに, 80 Ω の誘導リアクタンスを接続すれば端子 ab 間の電圧はいくらか。

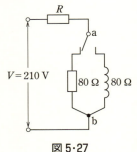

図 5・27

6. $i = \sqrt{2} \times 10 \sin \omega t$ 〔mA〕の電流が 0.05 μF のコンデンサに流れたときの無効電力はいくらか。ただし, 周波数は 1 kHz とする。

7. インピーダンスが 45 Ω で, その抵抗が 20 Ω のコイルがある。コイルの力率はいくらか。

8. 抵抗およびリアクタンスの直列回路に 100 V の電圧を加えたときの皮相電力 2 kV・A, 電力 1.6 kW であった。抵抗とリアクタンスを求めよ。

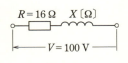

図 5・28

9. 図 5・28 の回路において, 力率 0.8 となるような

リアクタンス X 〔Ω〕の値を求めよ。また，この回路に 100 V の電圧を加えたときの皮相電力，電力，無効電力の値を求めよ。

10. 皮相電力 1 kV·A，電力 0.8 kW の負荷がある。この負荷の無効電力および力率はいくらか。

11. 図 5·29 のような交流回路において，消費電力 1.2 kW，力率 80 % で，10 A の電流が流れているとき，回路のインピーダンス，抵抗，リアクタンスはいくらか。

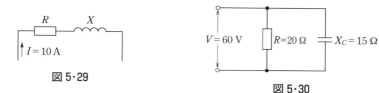

図 5·29

図 5·30

12. 図 5·30 の回路において，電源電圧 $V = 60$ V としたとき，次の各問に答えよ。
    ① コンデンサに流れる電流 I_C 〔A〕
    ② 供給された電流 I 〔A〕
    ③ 回路の力率 $\cos \varphi$ 〔%〕
    ④ 回路の消費電力 P 〔W〕

――――――――― チャレンジ問題 ―――――――――

1. あるコイルに 25 Hz，100 V の電圧を加えると 25 A の電流が流れ，50 Hz，100 V の電圧を加えるとき 20 A の電流が流れるという。このコイルの抵抗およびインダクタンスを求めよ。

2. 抵抗 R 〔Ω〕，静電容量 C 〔F〕，自己インダクタンス L 〔H〕を直列に接続した回路に周波数 f 〔Hz〕の一定電圧を加える場合，R の値がいくらのとき消費電力は最大となるか。ただし，C と L は一定とする。

3. 未知インピーダンスに 11 Ω の無誘導抵抗を直列に接続し，これに電流を通じ，抵抗間，未知インピーダンス間それぞれの電圧を測定したら $V_R = 22$ V，$V_Z = 26$ V であった。また，直列接続端子間では $V = 40$ V であった。これより未知インピーダンスの抵抗およびリアクタンスを求めよ。

第5章 交流回路の電圧・電流・電力

4. 図5・31のように，コンデンサと無誘導抵抗 R とを並列に接続し，これに正弦波交流電圧を加えた。周波数 60 Hz のとき，電圧 100 V，電流 0.04 A，周波数 100 Hz のとき電圧 100 V，電流 0.05 A であった。この結果値よりコンデンサ C の静電容量を求めよ。

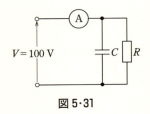

図5・31

5. 図5・32のように，抵抗 R と誘導リアクタンス X との直列回路に交流電圧 200 V を加えたところ $I_R = 10$ A の電流が流れ，電力 1 200 W を消費するという。このときスイッチ S を閉じたところ電源からみた力率が 0.9 になったという。R_x の値はいくらか。

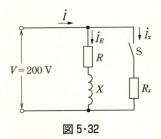

図5・32

空間と時間に関する量

No	量	量記号	SI 単位系	定義
1	長さ	$l, (L)$	メートル〔m〕	
2	時間	t	秒〔s〕	
3	角速度	ω	ラジアン毎秒〔rad/s〕	$\omega = \dfrac{\Delta \varphi}{\Delta t}$
4	速度,速さ	v	メートル毎秒〔m/s〕	$v = \dfrac{\Delta s}{\Delta t}$

周期現象および関連現象に関する量

No	量	量記号	SI 単位系	定義
5	周期	T	秒〔s〕	
6	周波数,振動数	f, v	ヘルツ〔Hz〕	$f = \dfrac{1}{T}$
7	角周波数	ω	ラジアン毎秒〔rad/s〕	$\omega = 2\pi f$

力学に関する量

No	量	量記号	SI 単位系	定義
8	質量	m	キログラム〔kg〕	
9	力	F	ニュートン〔N〕	$F = ma$
10	トルク	T	ニュートンメートル〔N·m〕	
11	圧力	p	パスカル〔Pa〕 ニュートン毎平方メートル〔N/m²〕	$p = \dfrac{F}{A}$ $1\text{Pa} = 1\text{N/m}^2$
12	仕事	A, W	ジュール〔J〕	$1\text{J} = 1\text{N·m}$
13	エネルギー	E, W	ワット秒〔W·s〕	$1\text{W·s} = 1\text{J}$
14	工率,仕事率,動力	P	ワット〔W〕	$P = \dfrac{E}{t}$ $1\text{W} = 1\text{J/s}$

電気および磁気に関する量

No	量	量記号	SI 単位系	定義
15	電流	I, i	アンペア〔A〕	$I = \dfrac{\Delta Q}{\Delta t}$
16	電荷，電気量	Q, q	クーロン〔C〕	
17	電界の強さ	E	ボルト毎メートル〔V/m〕	$E = \dfrac{F}{Q}$
18	電位	V, φ	ボルト〔V〕	
19	電位差，電圧	$U, (V)$		
20	起電力	E		
21	電束密度	D	クーロン毎平方メートル〔C/m²〕	
22	電束	Ψ	クーロン〔C〕	$\Psi = DA$
23	静電容量	C	ファラド〔F〕	$C = \dfrac{Q}{U}$
24	誘電率	ε	ファラド毎メートル〔F/m〕	$\varepsilon = \dfrac{D}{E}$
25	磁界の強さ	H	アンペア毎メートル〔A/m〕 アンペアターン毎メートル〔AT/m〕	$1\text{A/m} = 1\text{AT/m}$
26	磁位	φ_m	アンペア〔A〕 アンペアターン（AT）	$1\text{A} = 1\text{AT}$
27	磁位差	U_m		
28	起磁力	F, F_m		
29	磁束密度	B	テスラ〔T〕 ウェーバ毎平方メートル〔Wb/m²〕	$1\text{T} = 1\text{Wb/m}^2$
30	磁束	Φ	ウェーバ〔Wb〕	
31	自己インダクタンス	L, L_m	ヘンリー〔H〕	$L = \dfrac{\Phi}{I}$
32	相互インダクタンス	M, L_{mn}	ヘンリー〔H〕	$M = \dfrac{\Phi_1}{I_2}$
33	透磁率	μ	ヘンリー毎メートル〔H/m〕	$\mu = \dfrac{B}{H}$
34	（電気）抵抗（直流）	R	オーム〔Ω〕	$R = \dfrac{U}{I}$

No	量	量記号	SI単位系	定義
35	（電気の）コンダクタンス（直流）	G	ジーメンス〔S〕	$G = \dfrac{1}{R}$
36	抵抗率	ρ	オームメートル〔Ω·m〕	$\rho = \dfrac{1}{\sigma}$
37	導電率	γ, σ, κ	ジーメンス毎メートル〔S/m〕	$\gamma = \dfrac{1}{\rho}$
38	磁気抵抗	R, R_m	毎ヘンリー〔H^{-1}〕	$R = \dfrac{U_m}{\Phi}$ $1\text{H}^{-1} = 1\text{A/Wb}$
39	位相差	φ, θ	ラジアン〔rad〕	
40	インピーダンス	Z	オーム〔Ω〕	
41	リアクタンス	X		
42	（電気）抵抗	R		
43	アドミタンス	Y	ジーメンス〔S〕	$1\text{S} = 1\Omega^{-1}$
44	サセプタンス	B		
45	コンダクタンス	G		
46	（有効）電力	P	ワット〔W〕	
47	無効電力	$Q, (P_q)$	バール〔var〕	
48	皮相電力	$S, (P_s)$	ボルトアンペア〔V·A〕	
49	電力量	W_p	ジュール〔J〕 ワット秒〔W·s〕	$1\text{J} = 1\text{W·s}$

磁界に関する公式

	項目	公式
1	磁気力のクーロンの法則	$F = \dfrac{m_1 m_2}{4\pi\mu r^2}$ 〔N〕
2	磁界中の磁極に加わる力	$F = mH$ 〔N〕
3	点磁極による磁界の強さ	$H = \dfrac{m}{4\pi\mu r^2}$ 〔A/m〕
4	磁力線数	$N = \dfrac{m}{\mu}$ 〔本〕

	項　目	公　式
5	磁束	$\Phi = m$ 〔Wb〕
6	磁束密度	$B = \mu H$ 〔T〕
7	磁界に蓄えられるエネルギー	$\frac{1}{2}\mu H^2$ 〔J/m³〕

静電界に関する公式

	項　目	公　式		項　目	公　式
1	静電力の クーロンの法則	$F = \dfrac{Q_1 Q_2}{4\pi\varepsilon r^2}$ 〔N〕	5	点電荷による電位	$V = \dfrac{Q}{4\pi\varepsilon r}$ 〔V〕
2	電界中の電荷に加わる力	$F = QE$ 〔N〕	6	電気力線数	$N = \dfrac{Q}{\varepsilon}$ 〔本〕
3	点電荷による電界の強さ	$E = \dfrac{Q}{4\pi\varepsilon r^2}$ 〔V/m〕	7	電束	$\Psi = Q$ 〔C〕
			8	電束密度	$D = \varepsilon E$ 〔C/m²〕
4	一般の電界の強さ	$E = \dfrac{\Delta V}{\Delta l}$ 〔V/m〕	9	電界に蓄えられるエネルギー	$\frac{1}{2}\varepsilon E^2$ 〔J/m³〕

電磁作用

	項　目	公　式		項　目	公　式
1	ビオ・サバールの法則	$\Delta H = \dfrac{I \Delta l \sin\theta}{4\pi r^2}$ 〔A/m〕	6	磁気回路のオームの法則	$\Phi = \dfrac{F_m}{R_m}$ 〔Wb〕
2	円形コイルの中心磁界の強さ	$H = \dfrac{IN}{2r}$ 〔A/m〕	7	インダクタンス （漏れ磁束なし）	$L = \dfrac{N^2}{R_m}$ 〔H〕 $M = \dfrac{N_1 N_2}{R_m}$ 〔H〕
3	無限長の直線電流の磁界	$H = \dfrac{I}{2\pi r}$ 〔A/m〕			
4	起磁力	$F_m = IN$ 〔A〕	8	起電力	$e = -L\dfrac{\Delta I}{\Delta t}$ 〔V〕 $e = -M\dfrac{\Delta I}{\Delta t}$ 〔V〕
5	磁気抵抗	$R_m = \dfrac{l}{\mu S}$ 〔H⁻¹〕			

索　引

あ

アーク放電 179
圧電効果 142
網目 16
アルカリ蓄電池 58
暗電流 176
アンペア 3
　——の周回路の法則 91

イオン化傾向 54
位相 193
位相角 193
位相差 193
一次回路 120
一次電池 54
陰イオン 50
インピーダンス角 229

うず電流 118
うず電流制動 119
うず電流損 118

エネルギー密度（磁界の） 133

オームの法則 6
温度係数（抵抗の） 38
温度上昇 34

か

回転ベクトル 205
回路 6
回路網 16
角周波数 189
角速度 189
活物質 55
過電流遮断器 34
カラーコード表示 43

起磁力 96
起電力 5
逆磁性体 68
ギャップ 97
キャパシタ 162
キャリヤ 46
強磁性体 68
極座標表示 203
局部作用（電池の） 56
許容電流 34
キルヒホッフの第1法則 16
キルヒホッフの第2法則 17
キルヒホッフの法則 15, 16

クーロン 3
クォーク 1
グロー放電 178

結合係数 130
原子核 1
検流計 22

合成静電容量（直列接続の） 168
合成静電容量（並列接続の） 167
合成抵抗 9
拘束電荷 139
光電効果 47, 59
効率 30, 31
交流 184
　——の瞬時電力 247
　——の電力 246, 250
交流起電力 117
交流電流 118
固有抵抗 35
コロナ放電 177
コンダクタンス 11
コンデンサ 162
　——に蓄えられるエネルギー 172

索引

さ

- 最大値 …… 117
- 最大透磁率 …… 99
- 鎖交 …… 115
- 差動接続（コイルの） …… 125
- 残留磁気 …… 69, 101

- 磁位差 …… 97
- 磁化 …… 67
- 磁界 …… 72
  - ──に蓄えられるエネルギー …… 132
  - ──のエネルギー密度 …… 133
  - ──の強さ …… 72, 91
  - ──の強さと磁束密度の関係 …… 82
- 磁化曲線 …… 99
- 磁化力 …… 83
- 磁気 …… 67
- 磁気回路 …… 95
  - ──のオームの法則 …… 95, 96
- 磁気作用 …… 67
- 磁気シールド …… 84
- 磁気抵抗 …… 96
- 磁気抵抗効果 …… 47
- 磁気的吸引力 …… 133, 134
- 磁気ヒステリシス …… 100
- 磁気飽和 …… 99
- 磁気飽和曲線 …… 99
- 磁気モーメント …… 79
- 磁気誘導 …… 68
- 磁極 …… 67
  - ──の強さ …… 70
- 磁気力 …… 67
  - ──に関するクーロンの法則 …… 70
- 磁区 …… 70
- 自己インダクタンス …… 122
- 自己インダクタンス回路 …… 214
- 自己誘導 …… 122
- 自己誘導起電力 …… 122
- 磁軸 …… 67
- 磁性体 …… 68
- 磁束 …… 81
- 磁束鎖交数 …… 115

- 磁束密度 …… 81
- 実効値 …… 196
- 磁場 …… 72
- 周期 …… 184
  - ──と周波数の関係 …… 185
- 充電 …… 57
- 自由電子 …… 2
- 周波数 …… 185
- ジュール …… 5
  - ──の法則 …… 32
- ジュール熱 …… 32
- 循環電流 …… 26
- 瞬時値 …… 117
- 常磁性体 …… 68
- 消費電力 …… 27
- 初期透磁率 …… 99
- 磁力線 …… 73, 75
- 磁力線密度 …… 74
- 磁路 …… 95
- 真性半導体 …… 46
- 真電荷 …… 141

- 水平分力 …… 80
- スカラー量 …… 202

- 正極活物質 …… 56
- 正弦波起電力 …… 190
- 正弦波交流 …… 184
- 静止ベクトル …… 207
- 静電気 …… 137
- 静電吸引力 …… 174, 175
- 静電シールド …… 139
- 静電しゃへい …… 140
- 静電誘導 …… 138
- 静電容量 …… 158, 159
- 静電力 …… 138, 143
  - ──に関するクーロンの法則 …… 143
- ゼーベック効果 …… 47
- 絶縁耐力 …… 141, 176
- 絶縁抵抗 …… 43, 44
- 絶縁破壊 …… 175
  - ──の強さ …… 176
- 絶縁破壊電圧 …… 176

索引

接触抵抗……………………………45
接地…………………………………45
接地抵抗……………………………45
接地電極……………………………45
全波整流波………………………184

相互インダクタンス………119, 121
相互磁束…………………………120
相互誘導…………………………120
相互誘導起電力……………120, 121
ソレノイド…………………………87
損失電力……………………………31

た

帯電…………………………………3
耐電圧……………………………169
太陽電池……………………………59
端子電圧……………………………15
短絡…………………………………34

地球の磁界…………………………80
蓄電池………………………………57
地磁気の三要素……………………80
中性子………………………………1
超伝導………………………………46
直並列接続…………………………8
直流………………………………183
直列共振…………………………236
直列接続……………………………8

抵抗…………………………………7
抵抗回路…………………………211
抵抗器………………………………40
抵抗率………………………………35
電圧…………………………………4
電圧降下………………………14, 15
電位………………………4, 148, 149
電位差……………………4, 148, 150
電位の傾き………………………156
電荷…………………………………3
電界………………………………145
　——のエネルギー密度…………173
　——の大きさ……………………145

　——の強さ………………145, 146, 156
　——の強さと電束密度の関係……155
電解液………………………………50
電解コンデンサ…………………164
電解質………………………………50
電気…………………………………1
電気回路……………………………6
電気化学当量………………………52
電気角……………………………187
電気双極子………………………141
電気抵抗…………………………7, 35
電気分解……………………………52
電気分極…………………………141
電気量………………………………3
電気力線…………………………151
電源…………………………………5
電子…………………………………1
点磁極………………………………70
電磁石………………………………87
電磁誘導…………………………111
電磁力……………………………103
電束………………………………154
電束密度…………………………154
電池…………………………………54
　——の接続法……………………23
点電荷……………………………143
電場………………………………145
電離…………………………………50
電流…………………………………3
　——の単位………………………109
　——の作る磁界…………………84
　——の連続性……………………4
電流力……………………………107
電力…………………………27, 256
電力量…………………………29, 32

等価回路……………………………9
透磁率………………………………83
同相………………………………193
等電位面…………………………151
導電率………………………………36
トムソン効果………………………50
トルク………………………………78

267

な

内部降下	15
内部抵抗	14
長岡係数	127
鉛蓄電池	57
二次回路	120
二次電池	54, 57
熱起電力	47
熱電気現象	47
熱電効果	47
熱電子	179
熱電対	47
熱電流	47
燃料電池	59, 60

は

パーセント導電率	36
波形	184
波形率	199
波高率	199
波長	185
波長と周波数の関係	185
初位相角	193
発生熱量	32, 34
パルス波	184
反作用磁束	111
反作用の法則	111
反磁性体	68
半導体	46
ピエゾ電気効果	142
ビオ・サバールの法則	89
光起電力効果	59
光導電効果	59
非磁性体	68
ヒステリシス係数	102
ヒステリシス損	102
ヒステリシスループ	100, 101
ひずみ波交流	184
非正弦波交流	184
皮相電力	252, 256
比透磁率	83, 84
火花放電	176
ヒューズ	34
比誘電率	142
平等磁界	78
平等電界	155
ファラデーの電気分解の法則	52
負荷	6
負極活物質	56
不純物半導体	46
伏角	80
負特性	179
フレミングの左手の法則	103
フレミングの右手の法則	113
分極作用	55
分極電荷	141
分子磁石説	69
分流	10
平均値	195
並列共振	245
並列接続	8
閉路	16
ベクトル	202
——の差	209
——の和	208
ベクトル量	202
ペルチエ効果	49
偏角	80
ホイートストンブリッジ	22
——の平衡条件	22
方位角	80
放電	57
放電現象	175
放電率	59
保磁力	101
ボルタの電池	55
ボルト	4

索　引

ま

摩擦電気	137
右手親指の法則	89
右ねじの法則	89
脈流波	184
無効電流	254
無効電力	254, 256
無効率	254
漏れ磁束	97
漏れ電流	44

や

有効電流	254
有効電力	254
誘電体	140
誘電率	141
誘導起電力	111, 114
誘導性リアクタンス	235
誘導電流	111
誘導リアクタンス	216
陽イオン	50
陽子	1
容量性リアクタンス	235
容量（蓄電池の）	58
容量リアクタンス	220

ら

力率	250
力率角	250
リアクタンス	96
レンツの法則	111

わ

和動接続（コイルの）	124

英数字

$B\text{-}H$ 曲線	99
n 形半導体	46
N 極	68
p 形半導体	46
$R\text{-}C$ 直列回路	230
$R\text{-}C$ 並列回路	240
$R\text{-}L$ 直列回路	227
$R\text{-}L$ 並列回路	238
$R\text{-}L\text{-}C$ 直列回路	233
$R\text{-}L\text{-}C$ 並列回路	243
S 極	68
10 時間放電率	59

【著者紹介】

川島純一(かわしま・じゅんいち)
　　学　歴　東京電機大学大学院修士課程修了(1962年)
　　職　歴　東京電機大学高等学校教諭

斎藤広吉(さいとう・こうきち)
　　学　歴　東京電機大学工学部電気工学科卒業(1953年)
　　職　歴　東京電機大学高等学校教諭

新版　電気基礎　上　直流回路・電気磁気・基本交流回路

1994年 4 月10日　第 1 版 1 刷発行	ISBN 978-4-501-11800-6 C3054
2017年 2 月20日　第 1 版23刷発行	
2019年 3 月15日　第 2 版 1 刷発行	
2022年 2 月20日　第 2 版 2 刷発行	

編　者　東京電機大学
著　者　川島純一・斎藤広吉
　　　　ⓒ東京電機大学　1994, 2019

発行所　学校法人　東京電機大学　〒120-8551　東京都足立区千住旭町5番
　　　　東京電機大学出版局　Tel. 03-5284-5386(営業)　03-5284-5385(編集)
　　　　　　　　　　　　　　Fax. 03-5284-5387　振替口座 00160-5-71715
　　　　　　　　　　　　　　https://www.tdupress.jp/

JCOPY　＜(社)出版者著作権管理機構　委託出版物＞
本書の全部または一部を無断で複写複製(コピーおよび電子化を含む)することは，著作権法上での例外を除いて禁じられています。本書からの複製を希望される場合は，そのつど事前に，(社)出版者著作権管理機構の許諾を得てください。
また，本書を代行業者等の第三者に依頼してスキャンやデジタル化をすることはたとえ個人や家庭内での利用であっても，いっさい認められておりません。
[連絡先] Tel. 03-5244-5088, Fax. 03-5244-5089, E-mail : info@jcopy.or.jp

印刷：三美印刷(株)　　製本：誠製本(株)　　装丁：齋藤由美子
落丁・乱丁本はお取り替えいたします。　　　　　　　　Printed in Japan